2021中国乳用种公牛遗传评估概要

Sire Summaries on National Dairy Genetic Evaluation 2021

农业农村部种业管理司
全国畜牧总站

中国农业出版社
北京

图书在版编目（CIP）数据

2021 中国乳用种公牛遗传评估概要／农业农村部种业管理司，全国畜牧总站编. —北京：中国农业出版社，2022.1

ISBN 978-7-109-29140-9

Ⅰ.①2… Ⅱ.①农… ②全… Ⅲ.①乳牛 - 种公牛 - 遗传育种 - 评估 - 中国 - 2021 Ⅳ.①S823.02

中国版本图书馆 CIP 数据核字（2022）第 027479 号

2021 中国乳用种公牛遗传评估概要
2021 ZHONGGUO RUYONG ZHONGGONGNIU
YICHUAN PINGGU GAIYAO

中国农业出版社出版
地址：北京市朝阳区麦子店街 18 号楼
邮编：100125
责任编辑：周锦玉
版式设计：王 晨 责任校对：刘丽香
印刷：中农印务有限公司
版次：2022 年 1 月第 1 版
印次：2022 年 1 月北京第 1 次印刷
发行：新华书店北京发行所
开本：880mm×1230mm 1/16
印张：7.5
字数：225 千字
定价：25.00 元

前 言

　　实施奶牛遗传改良计划对提升牛群遗传水平、改善奶牛健康状况、提高牛群产奶性能、促进奶业可持续发展具有重大意义。种公牛遗传品质直接关系奶牛遗传改良效果。奶业发达国家的经验表明，种公牛对奶牛群体遗传改良的贡献率超过75%。经过多年努力，我国以奶牛生产性能测定、体型鉴定、品种登记、公牛后裔测定、种牛遗传评定等为主要内容，建立了中国乳用种公牛遗传评估体系，为客观评价乳用种公牛遗传品质提供了保障。为宣传和推介优秀种公牛，促进和推动奶牛遗传改良，根据《全国奶牛遗传改良计划（2021—2035年）》的要求，每年公布公牛遗传评定结果。

　　《2021中国乳用种公牛遗传评估概要》（以下简称《概要》）公布了全国18个种公牛站的1838头种公牛遗传评估结果，其中，1795头中国荷斯坦牛、43头娟姗牛，主要包括验证种公牛遗传评估和青年种公牛基因组检测遗传评估结果。此次评估发布的结果中保留了产奶量、乳脂率和乳蛋白率3个性状估计育种值，便于育种者和生产者根据不同的选种目标进行选择。为便于查阅使用，增强实用性，《概要》还分别对9个不同性状估计育种值排名前50的种公牛进行了重点推介。

　　本次评估中，验证种公牛国内女儿的遗传评估数据来自3071个奶牛场228.7万头母牛的2426.8万条奶牛产奶性能测定数据和1359个奶牛场33.0万头一胎母牛的体型鉴定数据。基因组检测青年种公牛的遗传评估参考群包括10784头成母牛和264头验证公牛。系谱育种值采用2021年8月加拿大CDN数据库中公布的国际公牛组织（Interbull）最新育种值估计结果。

　　《概要》可作为奶牛养殖场科学开展选种选配的重要依据，也可作为相关科研、育种单位选育或评价种公牛的主要技术参考。种公牛遗传评估和《概要》发布得益于农业农村部畜牧兽医局、中国奶业协会、中国农业大学、中国农业科学院北京畜牧兽医研究所的大力支持，得益于各省级畜牧推广机构和种公牛站等单位的全力配合，在此一并表示感谢。由于个别公牛编号变更等原因，《概要》中可能会出现公牛遗传性能遗漏或不当之处，敬请同行专家和广大读者不吝赐教，提出批评和更正意见。

农业农村部种业管理司　全国畜牧总站

2021 年 12 月

目　录

1

乳用种公牛
遗传评估说明

1.1　遗传评估方法

1.1.1　常规后裔测定遗传评估

在常规遗传评估中，因性状的不同而采取不同模型的评估方法。

（1）对于生产性状和体细胞评分性状　采用多性状随机回归测定日模型（Test-day Model），子模型为 Legendre 多项式拟合回归曲线（Jamrozik 等，2002）。模型如下：

$$y = Xb + \sum_{m=0}^{4} a_m Z_m + Wp + e$$

式中：y——测定日各性状的观测值向量；

　　　b——场年季及测定日等未知固定效应向量；

　　　a_m——遗传效应的随机回归系数向量；

　　　p——永久环境效应系数向量；

　　　e——随机残差效应向量；

X、Z_m、W——分别为相应效应的关联矩阵。

模型中随机效应的期望和方差为：

$$E\begin{bmatrix} a \\ p \\ e \end{bmatrix} = \begin{bmatrix} 0 \\ 0 \\ 0 \end{bmatrix} \quad V\begin{bmatrix} a \\ p \\ e \end{bmatrix} = \begin{pmatrix} G \otimes A & 0 & 0 \\ 0 & I\sigma_P^2 & 0 \\ 0 & 0 & R \end{pmatrix}$$

式中：E——期望；

　　　V——方差；

　　　R——随机残差的方差协方差矩阵；

　　　G——随机回归系数的遗传方差协方差矩阵，假设对所有的动物个体都相同；

　　　A——动物个体间分子血缘相关系数矩阵。

（2）对于体型性状　采用多性状个体动物模型 BLUP 方法。模型如下：

$$y = Xb + Za + e$$

式中：y——体型各性状的观测值向量；

　　　b——场年季等未知固定效应向量；

　　　a——个体育种值随机向量；

　　　e——随机残差效应向量；

X，Z——相应的关联矩阵。

据此建立的混合模型方程组（MME）如下：

$$\begin{bmatrix} X'X & X'Z \\ Z'X & Z'Z + kA^{-1} \end{bmatrix}\begin{bmatrix} \hat{b} \\ \hat{a} \end{bmatrix} = \begin{bmatrix} X'y \\ Z'y \end{bmatrix} \quad 式中：k = \frac{\sigma_e^2}{\sigma_a^2} = \frac{1-h^2}{h^2}$$

式中：h^2——遗传力，体型总分、泌乳系统评分和肢蹄评分的 h^2 分别为 0.2149、0.1837、0.0928。

1.1.2　基因组检测遗传评估

20 世纪 80 年代以来，分子生物学和 DNA 分子标记技术不断发展，以及影响家畜重要性状的大量基因或标记被陆续发现，标记辅助选择（MAS）成为可能。2001 年，Meuwissen 等人提出了基因组选择（GS）方法。基因组选择是 MAS 的一种扩展。Schaeffer（2006 年）的研究结果显示，实施基因组选择可以节省约奶牛 92% 的育种成本，并显著提高遗传进展。中国荷斯坦牛基因组选择技术在 2012 年开始实际应用，是利用中国农业大学构建的中国荷斯坦牛基因组选择参考群体，对经过基因组检测的青年公牛利用 SNPs 标记数据信息和 GBLUP 方法进行青年公牛育种值估计。计算模型与传统的 BLUP 模型类似，不同之处在于用基因组相关矩阵（**G** 阵）替代个体亲缘关系矩阵（**A** 阵），混合模型方程组为：

$$\begin{bmatrix} X'R^{-1}X & X'R^{-1}Z \\ Z'R^{-1}X & Z'R^{-1}Z+G^{-1} \end{bmatrix} \begin{bmatrix} \hat{b} \\ \hat{a} \end{bmatrix} = \begin{bmatrix} X'R^{-1}y \\ Z'R^{-1}y \end{bmatrix}$$

式中：**G**——个体为个体基因组相关矩阵，反映个体在基因组中共享同一基因的比例。

1.2 中国奶牛性能指数

中国奶牛性能指数（China Performance Index，CPI）是评价种公牛综合遗传性能的选择指数，利用公牛女儿的生产性能和体型测定数据，根据测定日模型和 BLUP 方法估计出公牛各性状育种值，分别进行标准化后按照相对育种重要性加权合并，计算得到中国奶牛性能指数。2020 年根据国际惯例和我国实际需要，对原来 2012 年版的 CPI 指数公式进行了修订。

1.2.1 CPI1

CPI1 指数适用于国内常规评估的既有女儿生产性状，又有女儿体型鉴定结果的国内后裔测定验证公牛。生产性状包括乳脂量、乳蛋白量、体细胞评分；体型性状包括体型总分、泌乳系统评分和肢蹄评分。2020 年版的 CPI1 指数计算公式如下：

$$CPI1_{2020} = 4 \times \begin{bmatrix} 25 \times \dfrac{Fat}{24.6} + 35 \times \dfrac{Prot}{20.7} - 10 \times \dfrac{SCS-3}{0.16} \\ + 8 \times \dfrac{Type}{5} + 14 \times \dfrac{MS}{5} + 8 \times \dfrac{FL}{5} \end{bmatrix} + 1800$$

式中：*Fat*、*Prot*、*SCS*、*Type*、*MS*、*FL* 分别是乳脂量、乳蛋白量、体细胞评分、体型总分、泌乳系统评分、肢蹄评分性状的估计育种值，分母是相应性状国内估计育种值标准差。

1.2.2 CPI3

CPI3 指数适用于从国外引进的有后裔测定成绩的验证公牛。2020 年版的 CPI3 指数包括乳脂量、乳蛋白量、体细胞评分、体型总分、泌乳系统评分和肢蹄评分 6 个性状。计算公式如下：

$$CPI3_{2020} = 4 \times \begin{bmatrix} 25 \times \dfrac{Fat}{22.0} + 35 \times \dfrac{Prot}{17.0} - 10 \times \dfrac{SCS-3}{0.46} \\ + 8 \times \dfrac{Type}{5} + 14 \times \dfrac{MS}{5} + 8 \times \dfrac{FL}{5} \end{bmatrix} + 1800$$

式中：*Fat*、*Prot*、*SCS*、*Type*、*MS*、*FL* 分别是国外的乳脂量、乳蛋白量、体细胞评分、体型总分、泌乳系统评分、肢蹄评分性状的估计育种值，分母是相应性状的国外估计育种值标准差。

1.3 中国奶牛基因组选择性能指数

利用中国农业大学构建的中国荷斯坦牛基因组选择参考群体数据平台，结合青年公牛基因组检测的

SNP 基因型信息，用 GBLUP 方法估计公牛的各性状基因组直接育种值（DGV），并与其系谱育种值进行标准化后加权合并，计算得到中国奶牛基因组选择性能指数（Genomic China Performance Index，GCPI）。

2020 版的 GCPI 指数计算公式如下：

$$GCPI_{2020} = 4 \times \left[\begin{array}{l} 25 \times \dfrac{GEBV_{Fat}}{22.0} + 35 \times \dfrac{GEBV_{Prot}}{17.0} - 10 \times \dfrac{GEBV_{SCS} - 3}{0.46} \\[2mm] + 8 \times \dfrac{GEBV_{Type}}{5} + 14 \times \dfrac{GEBV_{MS}}{5} + 8 \times \dfrac{GEBV_{FL}}{5} \end{array} \right] + 1800$$

式中：$GEBV_{Fat}$、$GEBV_{Prot}$、$GEBV_{SCS}$、$GEBV_{Type}$、$GEBV_{MS}$、$GEBV_{FL}$ 分别是乳脂量、乳蛋白量、体细胞评分、体型总分、泌乳系统评分、肢蹄评分性状的合并基因组估计育种值，分母是相应性状估计育种值标准差。

1.4 各性状估计育种值标准差

各性状估计育种值标准差见表 1-1。

表 1-1 各性状估计育种值标准差

性状	各性状符号	国外验证公牛标准差	国内验证公牛标准差	基因组育种值标准差
产奶量	Milk	800	459	800
乳脂率（%）	F(%)	0.3	0.16	0.3
乳蛋白率（%）	P(%)	0.12	0.08	0.12
乳脂量（kg）	Fat	22	24.6	22
乳蛋白量（kg）	Prot	17	20.7	17
体型总分	Type	5	5	5
泌乳系统	MS	5	5	5
肢蹄评分	FL	5	5	5
体细胞评分	SCS	0.46	0.16	0.46

1.5 数据来源

公牛系谱由公牛站提供。计算 *GCPI* 的公牛父亲和外祖父各项育种值，以及计算 *CPI3* 的各项育种值均采用国际公牛组织 2021 年 8 月发布的数据。由加拿大奶业数据网（www.cdn.ca）查询。

1.6 数据检索方式

国内种公牛遗传评估结果可到中国畜牧兽医信息网（www.nahs.org.cn）查询，也可以到中国奶牛数据中心网站（www.holstein.org.cn）查询。国外种公牛遗传评估结果可到加拿大奶业数据网（www.cdn.ca）查询。

1.7 其他说明

（1）为进一步提高种公牛遗传评定的规范性，鼓励开展完整规范的公牛后裔测定，对只有女儿产奶性能记录而没有女儿体型鉴定结果的种公牛，仅公布单项性状估计育种值和可靠性，不再计算综合育种值。

（2）娟姗公牛因生产性能记录不完整，数据量小，暂不进行遗传评估。此次仅对娟姗公牛体型外貌评定结果进行公布。

（3）文中，EBV 为估计育种值（Estimated Breeding Value），r^2 为估计育种值的可靠性（Reliability）。

2

荷斯坦牛估计育种值

2.1 验证公牛单性状估计育种值前 50 名

表 2-1-1 至表 2-1-9 为 9 个不同性状估计育种值排名前 50 名（头）的验证公牛。单个性状估计育种值相同的种公牛共享一个排名，并按照可靠性及 CPI1 由高到低前后排名。每头种公牛的其他性状估计育种值可根据表 2-3 中的 CPI1 查询。

表 2-1-1 产奶量估计育种值前 50 名

排名	牛号	产奶量（kg）	r^2(%)	CPI1	排名	牛号	产奶量（kg）	r^2(%)	CPI1
1	11115639	2550	93	2855	26	65110068	1671	92	2881
2	65110092	2306	89	3152	27	37313018	1664	89	2245
3	31115408	2272	98	2450	28	65109028	1654	92	2996
4	21213004	2218	73	2241	29	65110073	1649	93	2760
5	65110095	2203	87	2919	30	11115632	1642	97	2692
6	41115860	2171	66	2499	31	11104299	1619	77	2071
7	31115201	2141	94	2268	32	37314036	1606	89	2325
8	65109054	2075	92	3051	33	37315015	1574	82	2550
9	37313023	2047	81	2615	34	37315036	1574	62	2496
10	65109046	2044	91	3138	35	11116683	1554	79	2359
11	65109053	2044	94	3057	36	11111501	1546	97	1950
12	65109035	1948	94	2920	37	11115613	1540	63	1931
13	65109041	1928	90	3218	38	14115116	1537	71	2303
14	65109055	1911	90	2942	39	65109048	1489	94	2968
15	65110075	1868	90	3029	40	41111846	1486	87	2575
16	11112628	1847	98	2384	41	37313022	1485	81	2303
17	37314053	1844	70	2303	42	65109039	1451	91	2816
18	65108022	1815	95	3111	43	37310036	1436	99	2098
19	12113290	1797	92	2477	44	11115628	1406	82	2351
20	21212010	1797	77	1872	45	14116212	1402	61	2266
21	37316006	1781	89	2235	46	12113288	1396	92	2217
22	65109057	1755	91	3012	47	37308051	1390	97	2055
23	65108020	1728	95	3041	48	41109864	1387	91	3092
24	65109032	1713	93	2961	49	65109045	1381	94	2979
25	65110069	1712	94	2888	50	11113567	1381	83	2506

表 2 - 1 - 2　乳脂率估计育种值前 50 名

排名	牛号	乳脂率（%）	r^2（%）	CPI1	排名	牛号	乳脂率（%）	r^2（%）	CPI1
1	37106979	0.55	75	2305		14114057	0.29	95	2323
2	37316021	0.53	80	1724		11115633	0.29	98	2089
3	11115637	0.46	88	1965		11117659	0.29	70	1879
4	14115312	0.45	69	2051	29	41107832	0.28	91	2417
5	14115826	0.44	87	2545	30	65109048	0.27	94	2968
	37106977	0.43	70	2313	31	65109055	0.27	90	2942
7	13316092	0.41	66	2404		41107852	0.27	95	2525
8	31104190	0.40	89	2015		31112638	0.27	82	2084
	11114603	0.37	87	1847		11114612	0.27	95	1892
10	11114635	0.37	87	1751	35	65109046	0.26	91	3138
11	14114061	0.36	89	1691		11113655	0.26	94	2124
12	65109045	0.35	94	2979	37	11114620	0.26	87	1888
13	37314051	0.35	83	1870		31104433	0.26	93	1666
14	65109057	0.34	91	3012		11114670	0.25	74	2360
	65110095	0.33	87	2919		11114668	0.25	81	1927
	11113661	0.32	80	2484	41	13204380	0.24	91	2078
17	65110075	0.31	90	3029		11114626	0.24	96	1849
	11112630	0.31	95	2597		14115830	0.24	83	1727
	11115615	0.31	97	2281		31104495	0.24	91	1239
	65109053	0.30	94	3057		65109028	0.23	92	2996
	65110069	0.30	94	2888		65109035	0.23	94	2920
	11114672	0.30	98	2187		65110068	0.23	92	2881
23	31115197	0.30	72	2032		37313042	0.23	65	2359
24	65109041	0.29	90	3218		11115611	0.23	76	2181
	65110092	0.29	89	3152	50	11116622	0.23	78	1744

表 2-1-3　乳蛋白率估计育种值前 50 名

排名	牛号	乳蛋白率（%）	r^2（%）	CPI	排名	牛号	乳蛋白率（%）	r^2（%）	CPI
1	13316092	0.22	66	2404		65110075	0.10	90	3029
2	37314048	0.20	97	1967		31114684	0.10	90	2482
	11115637	0.19	88	1965		11111606	0.10	98	2157
4	41111843	0.18	73	1532		11115608	0.10	80	2155
	37314051	0.17	83	1870		37304006	0.10	94	2103
6	37106977	0.16	70	2313		13204380	0.10	91	2078
	37106979	0.16	75	2305		13202409	0.10	92	1288
8	14115312	0.16	69	2051		37304016	0.09	86	2111
	11114612	0.16	95	1892		31111245	0.09	78	1981
	37309024	0.16	87	1879	35	13204234	0.09	97	1953
	37313005	0.16	85	1741		11101906	0.09	99	1891
	13204523	0.15	93	1472		31106500	0.09	99	1879
13	11115615	0.13	97	2281		13202011	0.09	94	1848
	37311025	0.13	93	1859		31108299	0.09	98	1615
	31111256	0.13	86	1662		65110068	0.08	92	2881
	31104495	0.13	91	1239		37311021	0.08	84	2414
	14114057	0.12	95	2323		11115622	0.08	95	2220
	11113673	0.12	80	1961		11114672	0.08	98	2187
	37315023	0.12	94	1916		13205940	0.08	99	2115
	13203832	0.12	99	1825		31112638	0.08	82	2084
21	31115197	0.11	72	2032		11115621	0.08	97	1939
	37314059	0.11	73	1836		11114603	0.08	87	1847
	11109567	0.11	99	1734		37311012	0.08	90	1753
	53214195	0.11	91	1495		31110562	0.08	98	1707
	37314061	0.11	91	1495	50	37315026	0.08	65	1706

表 2-1-4 乳脂量估计育种值前 50 名

排名	牛号	乳脂量（kg）	r^2（%）	CPI	排名	牛号	乳脂量（kg）	r^2（%）	CPI
1	65110095	121	87	2919		11114670	73	74	2360
2	65110092	119	89	3152	27	12113290	71	92	2477
	11115639	116	93	2855		41111846	69	87	2575
	65109053	110	94	3057		41107852	67	95	2525
5	65109041	105	90	3218		41115860	67	66	2499
	65109046	105	91	3138	31	37106977	67	70	2313
7	65110075	105	90	3029		37106979	67	75	2305
8	65109057	104	91	3012	33	41107832	65	91	2417
	65109054	101	92	3051	34	13316092	65	66	2404
10	65109055	101	90	2942		37309023	64	83	2515
	65109035	98	94	2920		37113991	64	89	2399
12	65110069	98	94	2888	37	65108023	63	96	2857
13	65108022	89	95	3111		11114622	62	99	2415
14	65109045	89	94	2979	39	41109864	61	91	3092
15	65110068	88	92	2881		41102809	61	91	2598
16	65109028	87	92	2996		37312022	60	80	2381
	65109032	86	93	2961	42	41113895	60	92	2262
18	65110073	86	93	2760		14114057	58	95	2323
19	14115826	86	87	2545		11114650	58	95	2227
20	65109048	85	94	2968		41110811	57	94	3103
	65108020	80	95	3041		65116276	57	94	2738
22	11115632	80	97	2692	47	41115867	57	73	2558
23	11112630	77	95	2597		41109813	57	96	2553
24	65110060	75	91	2497		37315015	57	82	2550
	65109039	73	91	2816	50	11115611	57	76	2181

表 2-1-5　乳蛋白量估计育种值前 50 名

排名	牛号	乳蛋白量（kg）	r^2（%）	CPI	排名	牛号	乳蛋白量（kg）	r^2（%）	CPI
1	65110092	77	89	3152		37313023	54	81	2615
2	65110075	76	90	3029		37314053	53	70	2303
	65110095	76	87	2919	28	37315036	52	62	2496
	65109053	75	94	3057		65109045	51	94	2979
	11115639	75	93	2855		41109864	50	91	3092
	65109041	71	90	3218	31	65109048	50	94	2968
	41115860	71	66	2499		37315015	50	82	2550
8	65109046	70	91	3138		65110060	50	91	2497
9	31115408	68	98	2450		65109039	49	91	2816
10	65109055	67	90	2942		41111846	49	87	2575
11	65110068	67	92	2881	36	41115867	49	73	2558
	65109054	65	92	3051		37113991	48	89	2399
13	65110069	65	94	2888		37311021	47	84	2414
14	65109057	64	91	3012		41113895	47	92	2262
15	65109035	63	94	2920		12113288	47	92	2217
	12113290	63	92	2477		31111250	46	92	2333
17	65109028	62	92	2996		37309023	45	83	2515
	65109032	61	93	2961	43	13316092	45	66	2404
19	21213004	61	73	2241		12113289	44	90	2545
	65110073	60	93	2760		14116212	44	61	2266
21	11115632	57	97	2692		37310029	44	89	2225
22	65108022	56	95	3111	47	37315019	44	80	2106
	31115201	56	94	2268		11115628	43	82	2351
	65108020	55	95	3041		37313022	43	81	2303
25	14115116	55	71	2303	50	37313018	43	89	2245

表 2-1-6 体细胞评分估计育种值前 50 名

排名	牛号	体细胞评分	r^2(%)	CPI	排名	牛号	体细胞评分	r^2(%)	CPI
1	13203040	3.42	98	1403		41110812	3.11	81	2832
	41111843	3.26	59	1532		11113667	3.11	75	2645
3	37315019	3.20	65	2106		37309023	3.11	71	2515
	31104494	3.20	78	1493	29	11113567	3.11	73	2506
5	31104496	3.19	79	1201		12113288	3.11	85	2217
6	11116668	3.18	81	1776		11111501	3.11	94	1950
7	31104160	3.18	80	1760		11109722	3.11	98	1819
8	31107115	3.18	90	1696		13204105	3.11	87	1715
	37309024	3.17	76	1879		13203026	3.11	98	1597
	41110817	3.16	83	2874	35	37315041	3.10	88	2131
	11114626	3.16	92	1849		12114332	3.10	79	2090
12	31108297	3.16	83	1191		37312025	3.10	79	2038
13	41110809	3.14	88	2914		11115602	3.10	77	2024
	11112621	3.14	87	2477		12109257	3.10	85	2001
	31114687	3.13	79	1845		11116666	3.10	56	1977
16	12196031	3.13	96	1628		37316029	3.10	47	1923
	11104940	3.13	97	1457		41115863	3.10	76	1877
	37314042	3.13	75	1333		11116622	3.10	63	1744
	31111593	3.12	80	2210		11108549	3.10	98	1690
20	12112285	3.12	87	2051		31114690	3.10	62	1602
	11106006	3.12	96	1760		31115407	3.10	79	1563
	12103175	3.12	90	1727		12196015	3.10	95	1492
	31108298	3.12	82	1405	48	37312012	3.09	75	2275
24	12103156	3.12	85	1366	49	37316028	3.09	46	2228
	31104495	3.12	84	1239		37315010	3.09	95	2084

表 2-1-7　体型总分估计育种值前 50 名

排名	牛号	体型总分	r^2(%)	CPI	排名	牛号	体型总分	r^2(%)	CPI
1	41110809	46	74	2914		12108251	24	80	2380
2	41110817	42	71	2874		53109295	24	67	2329
3	41110811	38	64	3103		12109264	24	67	2181
4	41110804	36	73	2868	29	65109041	23	76	3218
5	53110324	36	67	2576		65108023	23	89	2857
6	41110812	33	67	2832		12109258	23	83	2499
7	41109864	30	77	3092		11113653	23	78	2488
	11112621	29	65	2477		12109266	23	81	2372
9	12102150	28	68	2681	34	53110323	23	77	2049
	12102136	28	68	2520		65109045	22	81	2979
11	11113658	27	66	2453		65116276	22	91	2738
	12108236	26	70	2813		11113557	22	63	2667
	12108235	26	76	2626		12104198	22	86	2615
14	41110801	26	72	2336		11113667	21	62	2645
15	65116292	25	95	2804		12105210	21	74	2402
	12108244	25	77	2793		11113573	21	56	2055
	12109265	25	73	2678	42	65108020	20	89	3041
	41109861	25	87	2649		65109028	20	78	2996
19	12109263	25	76	2522		65109048	20	82	2968
	11113676	25	66	2298	45	11113675	20	60	2547
	65108022	24	87	3111	46	11113670	20	52	2387
22	12109267	24	71	2880	47	53109296	20	73	2274
	41109862	24	78	2774	48	11113565	19	71	2621
	12108249	24	82	2596	49	11113671	19	52	2300
	11112651	24	61	2528	50	41106866	18	87	2593

表 2-1-8 泌乳系统评分估计育种值前 50 名

排名	牛号	泌乳系统评分	r^2(%)	CPM	排名	牛号	泌乳系统评分	r^2(%)	CPM
1	41110809	45	74	2914		11113658	21	66	2453
2	41110817	37	71	2874		12108251	21	80	2380
3	41110804	35	73	2868		41110801	21	72	2336
4	53110324	32	67	2576		53109295	21	67	2329
5	41110812	31	67	2832		11112552	21	66	2137
	41109864	30	77	3092	31	11112553	21	64	2133
7	41110811	29	64	3103		12109263	20	76	2522
	65116292	27	95	2804		65109046	19	78	3138
9	41109862	25	78	2774		11113557	19	63	2667
	65116276	25	91	2738		12108235	19	76	2626
	11113667	25	62	2645		11112651	19	61	2528
12	11112621	25	65	2477		12109264	19	67	2181
	65109041	23	76	3218	38	12109265	18	73	2678
14	65108022	23	87	3111		12105210	18	74	2402
	12108249	23	82	2596		12109266	18	81	2372
	12102136	23	68	2520		11113573	18	56	2055
	65109048	22	82	2968		65109028	17	78	2996
	12108236	22	70	2813	43	12109267	17	71	2880
19	12108244	22	77	2793		12104198	17	86	2615
	11113653	22	78	2488		12109258	17	83	2499
	11113676	22	66	2298		37303017	17	79	2069
22	65108020	21	89	3041	47	53110323	17	77	2049
	65108023	21	89	2857	48	65109054	16	78	3051
	12102150	21	68	2681	49	65109057	16	80	3012
25	41109861	21	87	2649	50	41102809	16	60	2598

表 2 - 1 - 9　肢蹄评分估计育种值前 50 名

排名	牛号	肢蹄评分	$r^2(\%)$	CPI	排名	牛号	肢蹄评分	$r^2(\%)$	CPI
1	41110809	44	74	2914	26	11113573	24	56	2055
	12109267	40	71	2880		12105210	23	74	2402
3	12108235	39	76	2626	28	12104177	23	89	2373
	41110811	37	64	3103		11113676	23	66	2298
5	12102136	33	68	2520	30	11113669	23	66	2029
	12108249	32	82	2596		65109045	22	81	2979
	12108244	30	77	2793		65108023	22	89	2857
	11113658	30	66	2453		11113675	22	60	2547
	12109265	29	73	2678		41110812	20	67	2832
	12103157	29	86	2246	35	11113670	20	52	2387
11	12108236	28	70	2813		12104189	20	82	2273
12	12104198	28	86	2615		11113659	20	52	2036
13	11113653	28	78	2488		37304004	20	94	1890
	41110817	27	71	2874	39	65108022	19	87	3111
	11113565	27	71	2621		12113289	19	65	2545
	12109263	27	76	2522		11112651	19	61	2528
17	11112621	27	65	2477		11113661	19	61	2484
18	11113557	26	63	2667		12105216	19	78	2405
	11113657	26	56	2295		12103172	19	85	2396
	12109264	25	67	2181		11112620	19	79	2209
	65108020	24	89	3041		41109864	18	77	3092
22	12102150	24	68	2681		65116292	18	95	2804
	12108251	24	80	2380	48	12109258	18	83	2499
	12109266	24	81	2372	49	12109252	18	70	2466
	11113671	24	52	2300	50	37307017	18	80	1930

2.2 青年公牛单性状基因组估计育种值前 50 名

表 2－2－1 至表 2－2－9 为 9 个不同性状基因组估计育种值排名前 50 名（头）的青年公牛。单个性状估计育种值相同的种公牛，共享一个排名，并按照可靠性和 GCPI 由高到低前后排序。每头种公牛的其他性状估计育种值可根据表 2－5 中的 GCPI 查询。

表 2－2－1 产奶量基因组估计育种值前 50 名

排名	牛号	产奶量（kg）	r^2(%)	GCPI	排名	牛号	产奶量（kg）	r^2(%)	GCPI
1	41118845	2690.33	74	2592.21	26	15518009	1658.53	78	2354.52
2	21215010	2203.80	70	2598.42	27	31117447	1648.03	75	2438.06
3	37316040	2049.75	74	2483.73	28	15519009	1644.68	75	2603.06
4	13316100	2030.35	77	2651.81	29	31118130	1631.12	78	2455.13
5	13316097	2020.39	75	2447.80	30	13316099	1628.11	75	2398.69
6	31116440	2001.02	74	2575.57	31	37317025	1625.80	78	2307.13
7	37316037	1875.08	74	2616.75	32	41118847	1616.88	75	2414.07
8	15516011	1868.33	75	2378.18	33	15520005	1611.40	70	2553.42
9	13316091	1868.10	72	2559.33	34	15516060	1598.70	76	2439.89
10	31118450	1867.78	73	2311.42	35	11119676	1597.23	75	2417.32
11	13316090	1830.08	73	2463.44	36	15516076	1593.32	74	2546.26
12	31115199	1806.59	74	2356.58	37	31116427	1576.63	75	2355.43
13	11116696	1774.97	75	2648.55	38	65116319	1539.75	73	2310.13
14	15519026	1765.59	75	2442.99	39	31116431	1533.00	75	2297.38
15	12116382	1751.34	79	2333.69	40	11116693	1532.52	75	2417.77
16	15516040	1740.59	76	2558.27	41	12116359	1529.17	76	2424.73
17	15517042	1738.55	72	2422.98	42	21216047	1522.06	75	2434.14
18	13316102	1730.66	72	2552.32	43	15519023	1516.43	72	2544.07
19	37317008	1728.85	76	2452.36	44	21216035	1515.89	75	2295.14
20	21217012	1718.00	74	2501.97	45	11116623	1511.67	72	2559.63
21	13316098	1690.31	73	2356.42	46	21217011	1510.64	74	2470.19
22	11120521	1689.68	72	2201.93	47	37315027	1505.21	73	2384.24
23	31118136	1683.87	79	2591.70	48	37316033	1503.36	75	2503.32
24	65116318	1678.70	74	2484.29	49	41118865	1500.97	73	2508.45
25	15516013	1672.28	75	2669.16	50	21217039	1495.49	72	2588.59

表 2-2-2　乳脂率基因组估计育种值前 50 名

排名	牛号	乳脂率（%）	r^2（%）	GCPI	排名	牛号	乳脂率（%）	r^2（%）	GCPI
1	11120618	0.75	73	2096.22		15520007	0.47	74	2481.82
2	11120601	0.70	74	2307.66		31118124	0.47	73	2389.29
3	37318009	0.65	75	2407.99		41119825	0.47	76	2156.66
4	11116695	0.63	80	2836.17		14119341	0.46	73	2600.23
5	15519015	0.60	73	2410.28		11116698	0.46	80	2432.21
	12117393	0.58	79	2522.66	31	11120524	0.46	74	1952.51
7	11118606	0.56	76	2566.96		37319043	0.45	74	2406.35
	15517017	0.56	77	2406.11		37317052	0.45	78	2267.39
9	61218106	0.54	73	2505.84	34	11119672	0.44	74	2460.02
10	11120622	0.54	71	2468.63		37315035	0.44	74	2277.96
11	37319060	0.53	73	2259.57		31115401	0.44	78	2270.10
	31116152	0.52	80	2357.24		11117690	0.44	78	2173.68
13	13119142	0.51	73	2605.14	38	15519005	0.43	73	2181.94
	11120639	0.51	70	2466.75		31118454	0.42	76	2389.99
15	11120617	0.51	72	2329.10		11117682	0.42	78	2333.43
16	61218105	0.51	73	2274.54	41	37318021	0.42	77	2273.27
	11116678	0.50	75	2437.16		21217022	0.42	74	2162.64
18	11117657	0.50	75	2381.73		13119162	0.41	73	2441.36
19	14117923	0.50	78	2186.86	44	11119677	0.41	74	2409.00
	11120615	0.49	72	2441.54		11117687	0.40	78	2298.09
21	15516074	0.49	77	2183.07	46	11119686	0.40	75	2177.45
	11117680	0.48	79	2393.75		61216061	0.40	68	2105.80
	11119680	0.48	74	2295.70		12115351	0.40	71	2408.45
	11120632	0.48	77	2070.64		13119176	0.40	73	2599.40
25	11120613	0.47	74	2502.19	50	41119832	0.40	73	2456.28

表 2－2－3　乳蛋白率基因组估计育种值前 50 名

排名	牛号	乳蛋白率（%）	r^2（%）	*GCPI*	排名	牛号	乳蛋白率（%）	r^2（%）	*GCPI*
1	15517051	0.27	79	2031.53		37319005	0.19	77	2417.33
2	11120622	0.26	74	2468.63		11119677	0.19	76	2409.00
3	11120617	0.26	74	2329.10		31118122	0.19	79	2390.21
4	11120601	0.26	76	2307.66		31116443	0.19	78	2293.24
5	61218106	0.25	76	2505.84	30	11117679	0.19	76	2212.14
	11120613	0.25	76	2502.19		11119686	0.19	77	2177.45
7	37319043	0.24	76	2406.35		11120607	0.18	76	2445.21
8	61218105	0.24	76	2274.54		12115351	0.18	74	2408.45
	37319037	0.24	74	2267.40		31117449	0.18	79	2301.47
10	31115693	0.24	80	2151.45		61216065	0.18	81	2281.51
	13119142	0.23	76	2605.14	36	11115618	0.18	78	2279.26
12	41119832	0.23	75	2456.28		11117690	0.18	80	2173.68
	31118089	0.23	76	2411.40		31118117	0.18	81	2107.72
	11117692	0.23	77	2395.70		11119503	0.18	76	2059.64
	11116695	0.22	83	2836.17		11120526	0.17	75	2518.76
16	21217037	0.22	76	2447.26		11120639	0.17	73	2466.75
	13119114	0.22	76	2328.25		11120616	0.17	74	2429.85
	11117808	0.22	78	2292.42		11116680	0.17	79	2370.73
	37315035	0.22	77	2277.96		11119675	0.17	76	2301.47
	11120618	0.22	75	2096.22		37319060	0.17	76	2259.57
21	14119340	0.21	75	2410.54		37319055	0.17	78	2182.84
	41119836	0.20	75	2491.90		61216054	0.17	68	2054.59
23	11117680	0.20	81	2393.75	48	11117685	0.17	76	2039.12
	21218003	0.20	76	2360.89	49	11119689	0.17	70	1961.05
	21216009	0.19	76	2568.24	50	11120602	0.16	76	2590.31

表 2-2-4　乳脂量基因组估计育种值前 50 名

排名	牛号	乳脂量（kg）	r^2（%）	GCPI	排名	牛号	乳脂量（kg）	r^2（%）	GCPI
1	11116695	78.70	78	2836.17	26	31116440	59.13	72	2575.57
2	13316100	77.28	76	2651.81	27	31116437	58.83	75	2536.74
3	12117393	72.68	77	2522.66	28	15516076	58.51	73	2546.26
4	13119176	72.26	71	2599.40	29	15520007	58.35	71	2481.82
5	11116696	69.05	73	2648.55	30	11120526	57.38	69	2518.76
6	15516040	67.50	75	2558.27	31	11118631	56.84	70	2652.09
7	15517042	67.46	71	2422.98	32	11119676	56.77	74	2417.32
8	37318009	67.12	73	2407.99	33	15519023	56.70	71	2544.07
9	15519015	65.78	70	2410.28	34	14117925	55.76	75	2393.31
10	13119142	64.77	70	2605.14	35	11116678	55.75	73	2437.16
11	14119341	63.77	70	2600.23	36	15519017	55.62	71	2386.25
12	15517017	63.54	74	2406.11	37	37316033	55.61	74	2503.32
13	11120602	63.38	70	2590.31	38	61217087	55.54	75	2432.09
14	15517048	62.49	74	2626.20	39	11120639	55.50	68	2466.75
15	31116432	61.98	68	2594.96	40	11116621	55.28	71	2482.45
16	15516057	61.74	78	2571.21	41	61218104	55.23	71	2604.41
17	15519009	61.37	74	2603.06	42	11119678	55.18	72	2476.64
18	37316037	61.34	73	2616.75	43	13119162	55.09	70	2441.36
19	11116623	61.01	70	2559.63	44	31116152	55.04	78	2357.24
20	11118606	60.70	74	2566.96	45	37319007	54.83	72	2412.67
21	15520005	60.69	69	2553.42	46	11120612	54.69	70	2555.12
22	11120622	60.18	68	2468.63	47	31118106	54.64	73	2441.03
23	11119672	60.11	71	2460.02	48	21217039	54.58	71	2588.59
24	37318051	59.96	73	2489.80	49	15516043	54.18	74	2482.98
25	13119108	59.78	71	2572.05	50	12118401	53.47	77	2490.97

表 2 - 2 - 5　乳蛋白量基因组估计育种值前 50 名

排名	牛号	乳蛋白量（kg）	r^2（%）	GCPI	排名	牛号	乳蛋白量（kg）	r^2（%）	GCPI
1	21215010	60.05	69	2598.42	26	31116432	44.04	67	2594.96
2	41118845	57.04	73	2592.21	27	31116440	43.96	72	2575.57
3	11116696	54.32	73	2648.55	28	15516048	43.34	75	2619.27
4	21217039	53.82	71	2588.59	29	11120612	43.18	70	2555.12
5	31118136	53.78	78	2591.70	30	41119836	43.09	69	2491.90
6	15516013	51.21	74	2669.16	31	13316089	42.91	73	2444.50
7	15519026	51.09	73	2442.99	32	37317008	42.89	74	2452.36
8	13316102	50.64	70	2552.32	33	11120602	42.69	70	2590.31
9	15520005	49.11	69	2553.42	34	14119339	42.43	1	2532.90
10	11116695	48.36	78	2836.17	35	13119142	42.41	70	2605.14
11	15519023	48.15	71	2544.07	36	37317009	42.24	75	2520.17
12	13316100	47.49	76	2651.81	37	15516060	42.16	75	2439.89
13	15516076	46.67	73	2546.26	38	15518009	41.98	77	2354.52
14	21217012	46.45	73	2501.97	39	37316033	41.65	74	2503.32
15	37316040	46.11	72	2483.73	40	13119176	41.63	71	2599.40
16	37316037	45.93	73	2616.75	41	15519004	41.52	72	2469.23
17	31117447	45.24	74	2438.06	42	15517034	41.30	72	2537.73
18	13316090	45.04	71	2463.44	43	21218017	41.15	76	2309.32
19	11120526	44.99	69	2518.76	44	37316030	41.09	75	2502.79
20	13316091	44.95	71	2559.33	45	15519009	40.85	73	2603.06
21	13119160	44.47	71	2424.70	46	11118631	40.70	70	2652.09
22	13316097	44.44	73	2447.80	47	41118847	40.42	73	2414.07
23	21216009	44.21	69	2568.24	48	37317007	40.33	78	2510.81
24	13316098	44.16	72	2356.42	49	11116623	40.31	70	2559.63
25	11120622	44.14	68	2468.63	50	37318051	40.23	73	2489.80

表 2 - 2 - 6 体细胞评分基因组估计育种值前 50 名

排名	牛号	体细胞评分	r^2(%)	GCPI	排名	牛号	体细胞评分	r^2(%)	GCPI
1	11119688	3.04	70	2355.67	26	15518006	2.62	76	2225.13
2	11120521	2.97	66	2201.93		15519027	2.62	64	2178.46
3	11120528	2.92	67	1822.32		37317003	2.61	73	2176.00
4	21215017	2.83	72	2020.98	29	61216055	2.61	62	2071.40
5	61216076	2.83	72	1746.66		13316098	2.60	68	2356.42
6	21216012	2.82	72	1893.63		21216055	2.60	71	2220.38
7	21216059	2.81	66	2106.37	32	12115356	2.59	72	2094.43
	11120529	2.80	66	1850.83		37316020	2.58	69	2284.42
9	11120516	2.75	66	2241.27	34	11120527	2.58	68	2109.32
10	31116419	2.70	70	2124.09		12116382	2.57	75	2333.69
11	12117386	2.70	74	2003.85		15517062	2.57	70	2255.28
12	11119683	2.69	67	2248.38	37	21217006	2.57	72	2213.10
	61216071	2.69	65	2070.84		12117392	2.57	75	2161.60
	11117689	2.69	71	2042.39	39	15516051	2.57	73	2134.93
15	11117609	2.67	70	2461.54		14117925	2.56	72	2393.31
	13316101	2.67	71	2265.14		15516076	2.55	69	2546.26
17	11120531	2.67	65	1690.28	42	21216069	2.55	66	2037.40
18	13316097	2.66	70	2447.80		61216073	2.55	64	1865.99
19	31116415	2.66	73	2359.38	44	15517030	2.54	72	2153.04
20	11120621	2.65	66	2336.53		37319049	2.53	72	2419.01
21	12117397	2.65	72	2285.72	46	41117810	2.53	75	2287.70
22	61216080	2.65	74	2203.28		31116439	2.52	70	2395.35
23	21216035	2.64	70	2295.14	48	31117447	2.51	70	2438.06
	13316089	2.63	69	2444.50		11120627	2.51	74	2135.06
	31118113	2.63	73	2309.56	50	13119168	2.50	67	2140.89

表 2－2－7　体型总分基因组估计育种值前 50 名

排名	牛号	体型总分	r^2（%）	GCPI	排名	牛号	体型总分	r^2（%）	GCPI
1	61216082	11.59	73	2094.65		11116676	7.36	75	2341.00
2	65116316	10.37	73	2613.53	27	21215004	7.26	74	2229.32
3	21216006	9.92	72	2533.31	28	15516013	7.24	72	2669.16
4	11118631	9.85	68	2652.09	29	12116372	7.12	74	2364.87
5	11117609	9.58	72	2461.54	30	15517034	6.98	71	2537.73
6	11118606	9.03	72	2566.96	31	11116680	6.93	72	2370.73
7	11116695	8.98	77	2836.17	32	11115631	6.86	72	2424.93
8	41118861	8.87	71	2507.47	33	61218098	6.84	68	2033.63
9	21216008	8.78	75	2337.12	34	11117680	6.74	75	2393.75
10	13316091	8.75	69	2559.33	35	41118865	6.71	70	2508.45
11	61215035	8.74	74	2258.40	36	21218011	6.65	74	2307.23
12	14117012	8.73	72	2440.79	37	37316018	6.50	72	2416.24
13	11116672	8.69	71	2377.33	38	15517048	6.49	72	2626.20
14	12116374	8.20	75	2462.06	39	31118452	6.46	69	2370.36
	11116698	8.18	76	2432.21	40	65116314	6.40	73	2377.21
16	11116670	8.06	73	2346.83	41	61216079	6.40	74	2108.09
17	21216011	8.04	76	2365.35	42	37317009	6.35	74	2520.17
18	61215038	7.80	70	2427.24	43	14117409	6.33	71	2288.31
19	31116159	7.54	72	2297.78	44	21216069	6.26	68	2037.40
20	15516048	7.50	73	2619.27		15516006	6.25	75	2433.18
21	37317040	7.44	75	2333.93	46	15516057	6.24	76	2571.21
22	31116439	7.43	72	2395.35	47	15517012	6.24	78	2338.67
23	21216005	7.40	70	2421.93	48	13316093	6.21	69	2397.00
24	15516044	7.37	76	2455.18	49	11115612	6.18	73	2499.53
25	31116435	7.37	75	2363.28	50	61218104	6.11	69	2604.41

表2-2-8 泌乳系统评分基因组估计育种值前50名

排名	牛号	泌乳系统评分	r^2(%)	GCPI	排名	牛号	泌乳系统评分	r^2(%)	GCPI
1	14117012	10.53	72	2440.79	26	11116698	6.62	75	2432.21
2	61216082	9.52	72	2094.65	27	31116159	6.61	72	2297.78
3	65116316	9.03	73	2613.53	28	21215004	6.58	73	2229.32
4	11116695	8.73	76	2836.17	29	12116374	6.55	74	2462.06
5	37318045	8.43	69	2445.04	30	11116670	6.53	73	2346.83
6	21216008	8.42	74	2337.12	31	37317040	6.44	75	2333.93
7	11118631	8.24	67	2652.09	32	11115612	6.42	72	2499.53
8	61215035	8.20	73	2258.40	33	61215038	6.39	69	2427.24
9	21216006	8.13	71	2533.31	34	15516048	6.37	72	2619.27
10	11117605	7.89	73	2242.32	35	13316091	6.21	68	2559.33
11	21216011	7.81	75	2365.35	36	21216057	6.17	74	2353.06
12	41118861	7.63	70	2507.47	37	15517012	6.16	77	2338.67
	61218104	7.49	69	2604.41	38	65116314	6.09	73	2377.21
14	11117609	7.44	71	2461.54	39	11119516	6.07	67	2510.99
15	21216046	7.41	75	2362.06		31118454	6.00	71	2389.99
16	12116384	7.34	69	2140.11	41	11118606	5.98	71	2566.96
17	21215023	7.17	75	2453.78	42	12117400	5.98	71	2096.47
18	21215025	7.15	75	2453.27	43	11117613	5.96	70	2353.95
19	12116372	6.90	74	2364.87	44	21216005	5.95	69	2421.93
20	31118087	6.85	72	2415.65		61216065	5.93	73	2281.51
21	11116672	6.71	71	2377.33	46	15516057	5.90	76	2571.21
22	21218011	6.66	73	2307.23	47	11116693	5.87	71	2417.77
23	31118100	6.65	75	2424.26	48	11116677	5.87	70	2288.82
24	21216001	6.65	74	2351.28	49	11119672	5.84	69	2460.02
	15517034	6.62	70	2537.73	50	31116424	5.83	72	2211.54

表 2-2-9　肢蹄评分基因组估计育种值前 50 名

排名	牛号	肢蹄评分	r^2(%)	GCPI	排名	牛号	肢蹄评分	r^2(%)	GCPI
1	15516013	9.96	77	2669.16	26	37315017	5.99	79	2284.89
2	11118606	9.90	77	2566.96	27	11120620	5.96	73	2358.45
3	61216066	9.32	72	1941.86	28	41118861	5.92	76	2507.47
4	11116680	8.79	77	2370.73		12116384	5.76	75	2140.11
5	61216053	8.70	75	1857.47	30	31116433	5.75	79	2392.80
6	12118402	8.42	78	2352.93	31	61217087	5.74	78	2432.09
7	61216046	8.11	74	1764.34	32	21216046	5.74	81	2362.06
8	61216082	7.78	78	2094.65	33	21216006	5.72	77	2533.31
9	15517017	7.30	78	2406.11	34	37316030	5.72	79	2502.79
10	61216067	7.23	77	2121.92	35	61215038	5.68	76	2427.24
11	65116316	7.02	78	2613.53	36	11116621	5.66	75	2482.45
12	11115636	7.00	76	2411.59	37	15517048	5.59	77	2626.20
13	11119688	6.99	77	2355.67	38	31116435	5.59	79	2363.28
14	11115619	6.94	79	2279.17	39	12115356	5.58	78	2094.43
15	61216076	6.88	76	1746.66	40	15517042	5.44	74	2422.98
16	11116672	6.73	76	2377.33	41	61215036	5.43	78	2090.67
17	11116670	6.61	78	2346.83	42	12116363	5.42	76	1941.68
18	31116159	6.42	77	2297.78		15517036	5.41	78	2377.37
19	21215023	6.26	81	2453.78	44	41118845	5.39	76	2592.21
20	21215025	6.26	81	2453.27	45	21217029	5.38	76	2256.69
21	15516044	6.24	81	2455.18	46	15519016	5.33	74	2250.76
22	11116698	6.19	81	2432.21	47	11116687	5.31	79	2297.93
23	21216007	6.19	76	2332.55	48	11116676	5.27	79	2341.00
24	13316093	6.16	74	2397.00	49	37315009	5.19	80	2221.71
25	12118406	6.13	78	2314.64	50	12116371	5.16	79	2215.98

2.3 验证公牛估计育种值

表 2-3-1 按照 *CPI*1 排名，*CPI*1 相同的种公牛按照牛号排序。

表 2-3-1 验证公牛各性状估计育种值及综合指数 *CPI* 1 值

序号	牛号	CPI1	生产性状							健康性状		体型性状			
			女儿数（头）	产奶量（kg）	乳脂率（%）	乳蛋白率（%）	乳脂量（kg）	乳蛋白量（kg）	r^2（%）	体细胞评分	r^2（%）	体型总分	泌乳系统评分	肢蹄评分	r^2（%）
1	65109041*	3218	91	1928	0.29	0.04	105	71	90	2.91	84	23	23	13	76
2	65110092*	3152	91	2306	0.29	-0.02	119	77	89	2.93	81	12	14	15	73
3	65109046*	3138	107	2044	0.26	0.00	105	70	91	2.87	85	17	19	13	78
4	65108022*	3111	184	1815	0.20	-0.04	89	56	95	2.85	91	24	23	19	87
5	41110811*	3103	191	1354	0.06	-0.04	57	42	94	3.07	90	38	29	37	64
6	41109864*	3092	105	1387	0.07	0.02	61	50	91	2.75	84	30	30	18	77
7	65109053*	3057	156	2044	0.30	0.05	110	75	94	2.98	89	14	14	8	84
8	65109054*	3051	117	2075	0.21	-0.05	101	65	92	2.96	87	17	16	16	78
9	65108020*	3041	219	1728	0.15	-0.03	80	55	95	2.89	92	20	21	24	89
10	65110075*	3029	97	1868	0.31	0.10	105	76	90	2.89	81	11	9	14	77
11	65109057*	3012	108	1755	0.34	0.04	104	64	91	2.93	86	15	16	10	80
12	65109028*	2996	112	1654	0.23	0.05	87	62	92	2.99	87	20	17	16	78
13	65109045*	2979	176	1381	0.35	0.03	89	51	94	2.91	90	22	15	22	81
14	65109048*	2968	185	1489	0.27	-0.01	85	50	94	2.92	90	20	22	14	82
15	65109032*	2961	130	1713	0.20	0.02	86	61	93	2.87	88	14	15	17	81
16	65109055*	2942	91	1911	0.27	0.01	101	67	90	2.86	83	11	12	6	77
17	65109035*	2920	152	1948	0.23	-0.03	98	63	94	2.93	89	14	14	5	82
18	65110095*	2919	67	2203	0.33	0.00	121	76	87	3.01	78	6	4	5	69
19	41110809*	2914	153	114	-0.01	0.05	2	9	93	3.14	88	46	45	44	74
20	65110069*	2888	179	1712	0.30	0.05	98	65	94	2.89	89	9	9	10	81
21	65110068*	2881	132	1671	0.23	0.08	88	67	92	2.95	86	12	11	9	79
22	12109267*	2880	220	1202	0.05	-0.01	51	41	96	3.02	93	24	17	40	71
23	41110817*	2874	119	708	-0.08	0.05	17	28	90	3.16	83	42	37	27	71
24	41110804*	2868	248	1055	-0.10	-0.04	30	32	96	2.98	93	36	35	16	73

（续）

序号	牛号	CPI1	生产性状							健康性状		体型性状			
			女儿数（头）	产奶量（kg）	乳脂率（%）	乳蛋白率（%）	乳脂量（kg）	乳蛋白量（kg）	r^2（%）	体细胞评分	r^2（%）	体型总分	泌乳系统评分	肢蹄评分	r^2（%）
25	65108023*	2857	309	1323	0.13	-0.07	63	37	96	2.89	94	23	21	22	89
26	11115639*	2855	181	2550	0.19	-0.10	116	75	93	2.81	87	2	2	-1	87
27	41110812*	2832	78	1220	-0.11	-0.04	32	36	88	3.11	81	33	31	20	67
28	65109039*	2816	110	1451	0.18	-0.01	73	49	91	2.94	86	17	15	15	76
29	12108236*	2813	153	1013	0.07	0.00	46	35	95	3.01	91	26	22	28	70
30	65116292*	2804	301	801	0.13	0.03	44	31	95	2.85	90	25	27	18	95
31	12108244*	2793	204	837	0.07	0.04	39	33	96	2.95	92	25	22	30	77
32	41109862*	2774	145	884	0.07	0.07	41	39	93	2.79	88	24	25	9	78
33	65110073*	2760	146	1649	0.22	0.03	86	60	93	2.93	87	9	7	8	81
34	65116276*	2738	212	955	0.20	-0.02	57	30	94	3.03	88	22	25	14	91
35	11115632*	2692	433	1642	0.17	0.00	80	57	97	2.99	94	6	8	8	95
36	12102150*	2681	111	976	-0.08	-0.03	29	30	92	3.03	87	28	21	24	68
37	12109265*	2678	322	1144	-0.05	-0.12	38	26	96	3.00	94	25	18	29	73
38	11113557*	2667	27	647	0.12	0.06	37	29	80	3.00	70	22	19	26	63
39	41109861*	2649	361	940	-0.05	-0.05	30	27	97	2.84	95	25	21	17	87
40	11113667*	2645	47	1178	-0.05	-0.08	39	31	84	3.11	75	21	25	14	62
41	12108235*	2626	216	543	-0.04	0.00	17	19	96	3.00	93	26	19	39	76
42	11113565*	2621	44	751	0.13	0.06	42	32	85	2.89	76	19	10	27	71
43	37313023*	2615	36	2047	-0.20	-0.13	53	54	81	3.04	69	13	11	6	51
44	12104198*	2615	323	657	0.08	0.03	33	26	97	3.02	95	22	17	28	86
45	41102809*	2598	117	1096	0.19	-0.08	61	28	91	2.94	85	17	16	9	60
46	11112630*	2597	175	1169	0.31	-0.05	77	34	95	3.08	90	12	13	8	82
47	12108249*	2596	203	524	-0.01	-0.02	19	16	96	3.02	93	24	23	32	82
48	41106866*	2593	489	1191	0.09	-0.05	55	35	98	2.96	96	18	14	8	87
49	53110324*	2576	239	472	-0.20	0.00	-3	16	95	3.07	92	36	32	17	67
50	41111846*	2575	70	1486	0.12	-0.02	69	49	87	2.86	76	7	4	6	56
51	41115867*	2558	31	1312	0.07	0.04	57	49	73	2.95	56	9	2	16	72
52	41109813*	2553	258	1370	0.06	-0.05	57	41	96	2.85	93	10	7	10	80

（续）

序号	牛号	CPI1	生产性状							健康性状		体型性状			
			女儿数（头）	产奶量（kg）	乳脂率（%）	乳蛋白率（%）	乳脂量（kg）	乳蛋白量（kg）	r^2（%）	体细胞评分	r^2（%）	体型总分	泌乳系统评分	肢蹄评分	r^2（%）
53	65111110*	2553	252	813	0.18	0.00	51	28	95	2.86	90	17	11	14	75
54	37315015*	2550	48	1574	-0.01	-0.03	57	50	82	3.01	69	9	10	2	81
55	11113675*	2547	47	881	0.10	-0.04	44	26	86	2.91	76	20	9	22	60
56	14115826*	2545	80	1046	0.44	0.05	86	42	87	3.02	77	6	7	0	64
57	12113289*	2545	68	1373	-0.27	-0.02	21	44	90	2.96	82	15	12	19	65
58	11112651*	2528	59	516	0.16	-0.06	37	11	87	2.94	77	24	19	19	61
59	41107852*	2525	234	1034	0.27	0.02	67	37	95	2.90	92	10	9	2	81
60	12109263*	2522	172	350	0.01	0.02	15	14	95	2.96	92	25	20	27	76
61	12102136*	2520	102	-78	0.15	0.05	14	3	92	3.02	86	28	23	33	68
62	11113568*	2518	76	1112	-0.06	-0.05	35	32	89	2.99	80	17	13	16	68
63	37309023*	2515	36	1367	0.12	-0.01	64	45	83	3.11	71	9	9	3	56
64	11113567*	2506	36	1381	-0.10	-0.11	40	34	83	3.11	73	16	15	11	63
65	41115860*	2499	19	2171	-0.12	-0.02	67	71	66	2.97	53	-2	-6	3	44
66	12109258*	2499	475	735	0.01	-0.03	29	22	97	3.08	96	23	17	18	83
67	65110060*	2497	126	1375	0.22	0.03	75	50	91	2.88	84	4	1	-2	79
68	37315036*	2496	13	1574	-0.03	-0.01	55	52	62	3.01	43	9	7	-2	85
69	11113653*	2488	113	721	-0.14	-0.11	12	12	92	3.06	85	23	22	28	78
70	11113661*	2484	30	344	0.32	0.05	46	18	80	2.94	71	18	11	19	61
71	31114684*	2482	88	888	0.11	0.10	44	42	90	2.89	81	10	8	6	64
72	11112621*	2477	122	475	-0.10	-0.09	8	6	92	3.14	87	29	25	27	65
73	12113290*	2477	101	1797	0.04	0.02	71	63	92	2.97	86	0	-4	0	68
74	12109252*	2466	70	977	0.08	-0.04	45	29	91	3.01	85	15	7	18	70
75	11113658*	2453	35	909	-0.38	-0.18	-7	11	82	2.97	72	27	21	30	66
76	31115408*	2450	903	2272	-0.36	-0.08	43	68	98	2.96	98	2	1	-3	94
77	11114602*	2445	2640	982	0.01	0.06	38	41	99	2.94	99	9	12	1	98
78	12108247*	2443	113	1108	-0.05	0.00	37	38	92	3.01	87	12	7	13	68
79	41109816*	2424	209	717	0.02	0.00	29	25	95	2.88	91	16	16	4	78
80	41107832*	2417	113	939	0.28	0.06	65	39	91	2.86	85	1	6	-3	74

（续）

序号	牛号	CPI1	生产性状							健康性状		体型性状			
			女儿数（头）	产奶量（kg）	乳脂率（%）	乳蛋白率（%）	乳脂量（kg）	乳蛋白量（kg）	r^2（%）	体细胞评分	r^2（%）	体型总分	泌乳系统评分	肢蹄评分	r^2（%）
81	12109256*	2417	454	1097	-0.01	-0.05	40	32	97	2.85	96	12	7	7	74
82	11114622*	2415	1468	1157	0.17	-0.06	62	32	99	2.97	98	4	9	2	98
83	37311021	2414	50	1108	-0.02	0.08	40	47	84	3.01	73	6	7	3	60
84	11114601*	2411	833	1218	0.01	-0.04	46	37	98	2.95	97	7	7	6	95
85	41115865*	2409	15	1236	-0.08	-0.02	37	40	62	2.92	47	11	7	3	50
86	12105216*	2405	270	783	0.06	0.04	35	31	97	3.00	95	10	6	19	78
87	13316092	2404	25	574	0.41	0.22	65	45	66	2.86	56	-3	0	3	53
88	12105210*	2402	252	591	-0.12	-0.08	9	11	96	2.97	94	21	18	23	74
89	37113991	2399	94	1279	0.15	0.04	64	48	89	2.93	80	1	-6	9	50
90	12103172*	2396	422	747	0.12	0.03	41	29	98	2.99	96	10	4	19	85
91	11113670*	2387	100	320	0.10	-0.01	22	9	90	2.95	81	20	15	20	52
92	11112628*	2384	980	1847	-0.11	-0.23	56	36	98	2.99	98	6	11	-8	95
93	37312022*	2381	39	1084	0.18	-0.03	60	34	80	3.07	67	5	6	4	40
94	12104188*	2381	424	530	0.03	0.01	24	19	97	3.00	96	18	14	13	89
95	12108251*	2380	296	243	-0.02	-0.05	8	3	97	3.06	94	24	21	24	80
96	12104177*	2373	489	330	0.10	0.04	23	16	98	3.03	97	17	11	23	89
97	12109266*	2372	407	371	-0.05	-0.06	9	6	97	3.03	95	23	18	24	81
98	41113881*	2367	366	1299	0.04	-0.07	53	37	97	2.89	94	5	6	-4	75
99	31112639*	2364	51	904	0.12	0.01	46	32	84	2.99	73	6	5	10	55
100	11114670*	2360	24	1238	0.25	0.00	73	42	74	3.04	60	0	-1	0	54
101	11116683*	2359	62	1554	-0.03	-0.20	54	29	79	3.08	67	9	6	6	68
102	37313042*	2359	14	632	0.23	0.04	48	26	65	2.85	50	11	6	2	44
103	11115628*	2351	55	1406	-0.21	-0.04	29	43	82	2.90	71	5	7	1	79
104	12104182*	2351	617	402	0.10	0.05	26	19	98	3.04	97	15	12	15	90
105	41107835*	2348	173	494	0.12	0.02	32	19	94	2.89	89	14	12	6	75
106	11115603*	2347	76	899	0.07	-0.02	40	28	89	2.84	81	8	3	11	62
107	14116323*	2341	10	917	0.16	0.04	52	36	58	2.91	46	3	4	0	40
108	12108240*	2337	243	497	0.08	0.04	28	22	96	3.01	93	16	7	15	71

（续）

序号	牛号	CPI1	生产性状							健康性状		体型性状			
			女儿数（头）	产奶量（kg）	乳脂率（%）	乳蛋白率（%）	乳脂量（kg）	乳蛋白量（kg）	r^2（%）	体细胞评分	r^2（%）	体型总分	泌乳系统评分	肢蹄评分	r^2（%）
109	12108243*	2337	197	1177	-0.08	-0.06	36	33	95	2.86	91	4	9	1	71
110	41110801*	2336	202	449	-0.09	-0.07	8	8	94	2.91	90	26	21	4	72
111	11112637*	2335	77	437	0.03	0.02	19	18	89	2.95	81	18	14	8	66
112	31111250*	2333	109	1310	-0.05	0.01	42	46	92	2.93	85	3	-1	4	47
113	11114610*	2329	885	885	0.20	0.05	55	36	98	2.97	97	3	2	2	94
114	53109295*	2329	458	345	-0.25	0.02	-13	14	97	2.94	95	24	21	13	67
115	11111611*	2327	785	1287	0.07	-0.03	55	40	98	3.06	97	0	2	4	97
116	37314036*	2325	93	1606	-0.23	-0.14	34	38	89	2.94	80	7	4	4	77
117	14114057*	2323	198	724	0.29	0.12	58	38	95	3.07	90	7	2	-3	86
118	31116430	2323	351	1007	-0.24	0.02	11	37	96	2.99	94	10	11	6	87
119	37313010*	2321	69	1056	-0.02	-0.13	37	21	87	3.00	77	10	9	10	58
120	11114657*	2319	22	651	0.13	0.01	38	23	74	2.86	59	11	7	4	55
121	37308042*	2318	226	644	0.05	0.04	29	26	94	3.00	89	8	12	6	53
122	41107854*	2317	148	850	0.08	-0.02	40	26	93	2.88	89	6	7	5	70
123	41115861*	2314	15	681	0.16	0.00	42	23	59	2.94	43	9	8	4	41
124	11112623*	2313	89	849	-0.01	-0.04	30	24	90	2.95	82	10	9	8	67
125	37106977*	2313	26	530	0.43	0.16	67	36	70	3.00	56	1	-2	2	53
126	12104196*	2313	293	991	0.03	-0.01	40	33	97	2.95	95	7	4	4	68
127	37310014*	2310	249	813	-0.02	-0.03	28	24	95	2.93	91	9	9	9	62
128	12107227*	2309	338	983	-0.03	-0.01	33	32	97	3.02	95	7	2	15	73
129	12102170*	2306	355	931	0.08	0.05	44	38	97	3.02	96	10	5	-7	86
130	37106979*	2305	30	212	0.55	0.16	67	25	75	2.88	60	0	3	0	54
131	11113663*	2303	48	931	-0.10	-0.14	24	16	82	3.04	70	18	8	16	53
132	37313022*	2303	41	1485	-0.13	-0.06	41	43	81	3.01	71	2	2	2	68
133	37314053*	2303	19	1844	-0.44	-0.09	19	53	70	2.95	57	5	2	0	50
134	14115116	2303	24	1537	-0.02	0.02	55	55	71	3.03	52	-3	-7	2	46
135	37304002*	2301	445	859	0.06	-0.01	38	28	98	3.01	96	3	8	8	75
136	11113671*	2300	23	243	0.01	-0.05	10	3	76	2.97	63	19	14	24	52

（续）

序号	牛号	CPI1	生产性状							健康性状		体型性状			
			女儿数（头）	产奶量（kg）	乳脂率（%）	乳蛋白率（%）	乳脂量（kg）	乳蛋白量（kg）	r^2（%）	体细胞评分	r^2（%）	体型总分	泌乳系统评分	肢蹄评分	r^2（%）
137	13203021*	2300	214	490	0.08	0.03	26	20	94	2.97	89	9	11	11	81
138	12108248*	2300	163	745	0.07	0.01	36	27	94	3.04	91	9	7	7	78
139	11113676*	2298	65	89	-0.16	-0.06	-13	-3	88	2.93	79	25	22	23	66
140	12109260*	2297	566	631	0.02	0.03	26	25	98	2.98	97	10	8	10	81
141	11113569*	2296	20	1371	-0.28	-0.11	19	34	76	2.93	65	7	5	11	55
142	11113657*	2295	35	518	0.05	-0.12	25	4	81	2.97	70	16	8	26	56
143	12102128*	2294	240	722	0.03	0.01	30	26	96	2.99	93	10	3	15	86
144	41103817*	2292	305	791	0.14	-0.02	45	24	96	2.95	93	5	4	9	68
145	31113660*	2288	89	1272	-0.26	-0.10	19	32	89	2.96	80	9	5	11	65
146	37310040*	2287	298	1035	-0.17	-0.01	20	34	96	2.97	93	5	11	2	88
147	41111838*	2285	53	1017	-0.21	-0.06	14	28	85	2.98	74	10	10	9	51
148	11116673	2283	100	927	-0.03	-0.16	32	14	87	2.94	78	12	12	5	80
149	11115615	2281	358	556	0.31	0.13	53	33	97	2.96	93	0	0	5	95
150	37314045*	2280	57	1241	-0.08	-0.06	38	35	85	2.97	74	4	5	0	77
151	11112626*	2279	77	648	-0.02	-0.07	22	14	88	2.99	79	15	13	8	63
152	11114605*	2277	547	556	0.00	0.04	21	24	97	2.89	95	9	6	12	93
153	37312012*	2275	50	969	0.13	0.00	49	33	85	3.09	75	3	5	0	65
154	53109296*	2274	306	378	-0.18	0.02	-4	15	96	2.98	92	20	16	12	73
155	12104189*	2273	604	246	0.06	-0.01	15	7	98	2.93	97	15	11	20	82
156	12111271*	2272	173	968	-0.02	0.00	35	33	95	3.01	91	5	4	5	80
157	12114324*	2269	117	1175	-0.04	-0.07	39	32	92	3.08	85	7	5	2	46
158	31115201*	2268	193	2141	-0.55	-0.14	17	56	94	2.94	89	1	1	-2	67
159	14116212*	2266	14	1402	-0.33	-0.03	16	44	61	3.06	44	7	2	8	41
160	11112636*	2265	196	822	0.02	-0.03	33	24	94	2.99	89	6	4	13	86
161	41113895*	2262	123	1291	0.11	0.02	60	47	92	2.94	85	-5	-4	-6	57
162	31112647*	2260	53	1106	-0.03	-0.08	38	29	85	2.99	75	5	5	3	45
163	37311023*	2254	34	707	-0.07	-0.02	18	22	79	2.89	65	10	8	8	59
164	12111277*	2252	112	1193	-0.11	-0.01	33	39	93	3.04	87	2	4	1	74

（续）

序号	牛号	CPI1	生产性状							健康性状		体型性状			
			女儿数（头）	产奶量（kg）	乳脂率（%）	乳蛋白率（%）	乳脂量（kg）	乳蛋白量（kg）	r^2（%）	体细胞评分	r^2（%）	体型总分	泌乳系统评分	肢蹄评分	r^2（%）
165	11114652*	2250	62	1225	0.02	-0.04	48	38	85	2.94	73	-1	-1	0	57
166	37315030*	2248	25	1048	0.00	-0.01	39	35	75	2.97	59	4	4	-4	56
167	12103157*	2246	892	321	0.04	-0.02	16	9	98	3.02	98	13	5	29	86
168	37313018*	2245	81	1664	-0.40	-0.11	18	43	89	2.94	81	2	3	3	71
169	14113054*	2242	70	933	0.00	-0.06	35	25	87	2.88	77	4	5	3	51
170	21213004*	2241	24	2218	-0.26	-0.12	52	61	73	3.08	61	-8	-10	0	44
171	37310012*	2239	39	829	0.18	0.02	50	31	81	2.99	70	-1	1	3	45
172	12105226*	2238	246	1060	0.13	0.02	53	38	96	3.03	94	0	-3	1	84
173	37307015*	2236	229	811	-0.07	-0.06	23	21	94	2.99	90	11	8	6	70
174	37316006	2235	108	1781	-0.41	-0.16	20	42	89	3.04	80	5	2	4	79
175	12113286*	2235	81	557	0.04	0.01	25	21	91	3.08	84	11	8	8	67
176	31113226*	2234	22	562	-0.11	0.06	9	26	73	3.05	61	12	10	7	43
177	31111586*	2233	183	876	0.07	0.02	41	32	95	2.98	91	1	4	-1	64
178	37313021*	2232	28	1200	-0.20	-0.04	23	36	78	2.97	66	2	5	3	61
179	37310030*	2228	218	604	-0.05	-0.04	17	16	95	2.99	91	12	13	4	69
180	37316028	2228	10	1083	-0.02	-0.13	38	22	57	3.09	46	5	12	-3	52
181	11112536*	2227	124	342	0.04	0.04	17	16	92	2.87	85	8	8	12	67
182	11114650*	2227	223	927	0.22	-0.01	58	31	95	2.92	90	0	-4	1	87
183	37310029*	2225	78	1203	-0.04	0.02	40	44	89	2.96	81	-3	0	-4	66
184	12108245*	2225	126	211	0.13	0.02	22	10	93	2.99	87	11	14	6	67
185	11115622	2220	360	943	-0.09	0.08	25	42	95	3.04	92	3	4	-3	93
186	37310002*	2220	68	759	-0.03	0.01	25	26	88	2.96	80	5	5	7	51
187	37309025*	2217	27	1125	-0.17	-0.10	23	26	76	2.83	63	3	2	10	44
188	12113288*	2217	83	1396	-0.12	0.00	39	47	92	3.11	85	0	0	-5	69
189	11116675*	2210	153	898	-0.08	-0.09	25	20	91	3.07	84	10	13	-3	92
190	31111593*	2210	81	1132	-0.13	-0.14	27	23	89	3.12	80	7	11	1	57
191	11112620*	2209	236	27	0.04	0.00	6	2	95	2.97	91	15	13	19	79
192	37109995*	2209	239	900	-0.05	-0.04	28	26	96	2.94	93	6	7	-2	75

（续）

序号	牛号	CPI1	生产性状							健康性状		体型性状			
			女儿数（头）	产奶量（kg）	乳脂率（%）	乳蛋白率（%）	乳脂量（kg）	乳蛋白量（kg）	r^2（%）	体细胞评分	r^2（%）	体型总分	泌乳系统评分	肢蹄评分	r^2（%）
193	31110560*	2208	205	1167	-0.11	-0.09	32	29	95	2.98	91	5	0	7	55
194	31108520*	2205	2211	295	-0.13	0.02	-2	12	99	3.03	99	13	16	12	97
195	21211002*	2204	34	1009	-0.06	0.01	31	35	79	2.81	67	-1	0	0	41
196	37308038*	2195	424	712	0.02	0.00	29	24	97	2.97	95	4	1	11	77
197	31114686*	2195	682	1303	-0.25	-0.04	21	40	98	2.97	97	2	4	-4	94
198	11115601*	2194	282	1208	-0.03	-0.15	41	24	96	2.94	91	3	1	3	88
199	12109259*	2192	243	469	-0.05	0.01	12	17	96	2.97	94	9	10	8	81
200	31108107*	2191	509	1072	-0.11	-0.03	28	33	98	3.01	96	2	1	5	89
201	37304013*	2190	106	405	0.13	0.01	29	15	90	2.93	83	8	8	2	53
202	37310021*	2190	747	975	-0.06	-0.05	30	27	98	2.98	97	3	6	-1	84
203	37312032*	2190	29	978	-0.03	0.05	33	39	81	3.04	69	-1	-1	3	49
204	11114671*	2188	29	500	0.11	0.02	30	19	79	2.95	66	7	6	2	57
205	11114672*	2187	798	317	0.30	0.08	43	20	98	2.98	97	3	3	3	94
206	31110563*	2183	244	719	-0.02	-0.06	25	17	95	2.98	92	9	7	4	49
207	11115611*	2181	27	884	0.23	-0.04	57	26	76	2.92	60	-3	1	-6	62
208	12109264*	2181	21	-83	-0.22	-0.04	-25	-8	68	2.96	54	24	19	25	67
209	11109658*	2177	569	903	-0.11	-0.09	22	20	98	2.92	97	5	9	0	92
210	12101131*	2176	945	530	0.05	-0.12	24	4	99	2.96	98	10	9	12	90
211	13205128*	2173	79	1060	0.00	-0.02	39	33	88	3.04	78	-2	-1	4	48
212	11112629*	2171	295	781	0.00	-0.11	29	14	96	3.03	92	7	4	12	82
213	31113217*	2170	47	750	-0.07	0.03	21	29	82	2.98	70	4	4	2	44
214	37314054*	2168	28	544	0.12	0.07	33	26	77	3.08	63	2	7	-2	64
215	31108521*	2167	126	523	-0.20	-0.06	-2	11	93	2.91	88	9	10	17	59
216	11114606*	2165	29	933	-0.03	-0.04	31	26	79	2.99	67	3	2	3	59
217	12105215*	2162	202	869	0.05	0.02	37	32	96	2.96	93	2	-3	1	69
218	12108230*	2158	235	1016	-0.02	-0.02	36	33	96	3.00	94	1	-1	-1	67
219	11111606*	2157	668	335	0.07	0.10	19	22	98	3.00	97	7	6	3	93
220	11115608*	2155	36	444	-0.03	0.10	14	27	80	3.01	64	6	6	2	50

（续）

（续）

序号	牛号	CPI1	女儿数（头）	产奶量（kg）	乳脂率（%）	乳蛋白率（%）	乳脂量（kg）	乳蛋白量（kg）	r^2（%）	体细胞评分	r^2（%）	体型总分	泌乳系统评分	肢蹄评分	r^2（%）
221	37315011*	2153	14	1353	-0.16	-0.06	32	40	62	3.01	45	-3	-4	3	46
222	11111607*	2150	756	925	-0.03	-0.11	31	19	98	2.95	97	3	4	3	96
223	41105126*	2147	231	731	0.12	0.00	40	25	94	2.92	90	3	3	-9	74
224	37312037*	2147	363	902	-0.11	-0.07	22	23	97	2.91	94	3	2	6	83
225	37310011*	2141	185	1188	-0.10	-0.07	33	32	94	2.89	90	2	-9	8	74
226	31108523*	2141	2219	1214	-0.20	-0.16	24	22	99	2.96	99	2	3	6	95
227	11111602*	2139	1123	658	-0.08	-0.09	15	12	99	2.95	98	7	9	6	97
228	11112639*	2138	169	348	-0.09	0.00	4	12	95	3.05	90	11	10	11	86
229	12105279*	2138	94	451	-0.05	0.01	12	16	92	3.01	85	9	5	11	67
230	11112552*	2137	77	493	-0.30	-0.15	-13	0	89	3.02	81	18	21	7	66
231	37313025	2134	382	741	-0.15	0.04	11	30	97	3.04	94	5	4	3	93
232	11112553*	2133	96	328	-0.23	-0.14	-12	-5	90	2.92	82	15	21	10	64
233	37308046*	2131	394	597	-0.09	-0.03	13	17	97	2.96	94	3	8	7	62
234	37315041	2131	204	651	0.03	-0.03	28	19	94	3.10	88	5	5	4	93
235	37310001*	2130	278	569	-0.04	-0.03	17	16	96	2.96	93	4	7	6	63
236	31109541*	2127	330	499	-0.05	-0.02	14	15	96	3.05	94	10	7	6	72
237	13205120*	2125	234	369	0.09	0.05	23	19	95	2.97	91	4	4	4	56
238	37312035*	2125	23	595	0.12	0.06	35	27	72	3.03	59	-1	-1	4	41
239	11113655*	2124	156	-15	0.26	-0.03	26	-4	94	2.85	89	10	10	5	86
240	37310028*	2124	419	653	0.02	-0.01	26	21	97	3.02	95	1	5	3	76
241	11112533*	2121	116	506	-0.12	-0.05	6	12	91	2.97	84	10	10	5	69
242	31109531*	2120	1563	598	0.06	-0.06	29	14	99	2.93	98	3	4	4	94
243	37314041*	2119	27	1009	-0.31	-0.02	5	32	75	2.99	60	4	2	5	60
244	12108237*	2117	153	209	0.01	0.03	9	11	95	3.06	91	10	10	7	64
245	13202412*	2116	161	624	0.09	0.05	33	27	93	3.03	88	-1	4	-5	71
246	13205940*	2115	1031	166	0.11	0.08	17	15	99	3.01	98	7	8	2	88
247	12111275*	2114	339	512	-0.06	-0.01	13	16	97	3.03	94	7	8	4	79
248	14113052*	2112	65	542	-0.02	-0.07	18	11	87	2.99	78	8	7	5	45

（续）

序号	牛号	CPI1	生产性状							健康性状			体型性状			
			女儿数（头）	产奶量（kg）	乳脂率（%）	乳蛋白率（%）	乳脂量（kg）	乳蛋白量（kg）	r^2（%）	体细胞评分	r^2（%）	体型总分	泌乳系统评分	肢蹄评分	r^2（%）
249	37304016*	2111	79	401	0.11	0.09	27	24	86	2.96	75	3	2	-2	62
250	31106123*	2109	1202	657	-0.01	-0.09	23	12	99	2.98	98	6	3	9	90
251	11112535*	2106	68	-16	-0.15	-0.07	-16	-8	87	2.86	78	18	16	15	66
252	37310004*	2106	251	331	-0.01	0.02	12	14	96	3.04	93	9	8	4	71
253	37315019*	2106	40	1111	-0.37	0.05	1	44	80	3.20	65	4	2	1	57
254	31111616*	2105	33	329	-0.18	-0.01	-6	10	78	3.01	65	12	15	3	42
255	37304006*	2103	194	24	0.16	0.10	17	11	94	2.97	90	7	5	8	48
256	12109253*	2103	501	130	0.02	-0.05	7	-1	98	3.06	97	13	11	14	88
257	11112531*	2099	107	249	-0.05	-0.05	4	3	92	3.05	85	14	12	8	67
258	37310036*	2098	2079	1436	-0.43	-0.18	6	28	99	3.04	99	5	1	8	97
259	37314043*	2097	108	1035	-0.37	-0.10	-1	24	91	2.93	83	9	0	10	72
260	31115200*	2097	31	701	-0.16	-0.06	9	17	75	3.05	62	7	9	2	45
261	12114335*	2096	138	483	-0.17	0.04	0	21	92	2.96	84	5	10	0	52
262	12105281*	2093	138	526	-0.02	0.07	18	26	93	3.03	87	3	0	5	76
263	12114332*	2090	89	675	-0.03	-0.04	22	18	89	3.10	79	5	3	6	67
264	11115633*	2089	685	60	0.29	0.07	32	10	98	3.05	96	5	7	-1	97
265	11111520*	2089	103	1245	-0.06	-0.06	40	35	91	3.05	84	-2	-7	-1	63
266	31113676*	2089	104	512	0.01	-0.03	20	14	91	2.97	84	7	2	6	49
267	31110263*	2089	299	341	-0.13	-0.02	-1	9	97	2.98	94	8	10	10	70
268	11109693*	2086	2660	636	0.08	0.02	32	24	99	2.97	99	0	1	-4	97
269	41114816*	2086	28	452	-0.11	-0.03	5	11	71	2.96	53	8	7	8	45
270	37315010	2084	518	764	0.03	-0.01	31	25	97	3.09	95	3	-3	4	96
271	31112638*	2084	43	-92	0.27	0.08	24	6	82	3.02	71	8	2	12	62
272	31110552*	2084	40	533	-0.21	-0.03	-3	15	83	3.04	73	11	4	14	51
273	65112050	2084	207	161	0.07	0.03	13	9	94	2.98	88	7	9	3	75
274	31109535*	2081	151	713	-0.14	-0.07	12	17	94	2.94	89	2	4	7	70
275	11109648*	2078	461	1171	-0.07	-0.12	35	26	98	3.04	96	-4	-1	1	81
276	13204380*	2078	117	321	0.24	0.10	36	22	91	2.91	84	-2	1	-6	42

（续）

序号	牛号	CPI1	生产性状							健康性状		体型性状			
			女儿数（头）	产奶量（kg）	乳脂率（%）	乳蛋白率（%）	乳脂量（kg）	乳蛋白量（kg）	r^2（%）	体细胞评分	r^2（%）	体型总分	泌乳系统评分	肢蹄评分	r^2（%）
277	37316016*	2075	13	605	-0.15	-0.03	7	17	52	2.85	40	4	5	2	58
278	37314046*	2074	201	322	-0.23	0.02	-12	14	94	2.94	88	9	7	12	78
279	31112234*	2074	91	703	0.00	-0.03	26	21	90	3.03	81	1	3	-1	45
280	37312014*	2072	35	1038	-0.08	-0.14	30	20	81	3.07	69	1	0	4	47
281	11104299*	2071	29	1619	-0.22	-0.15	35	37	77	2.95	64	-3	-12	3	54
282	11113571*	2071	43	667	-0.16	-0.01	8	22	82	3.03	68	5	3	5	57
283	11112532*	2071	100	287	-0.02	-0.01	8	8	91	3.05	84	7	9	8	66
284	11111618*	2071	112	977	-0.13	-0.16	22	15	92	2.95	85	3	2	4	68
285	37303017*	2069	646	178	-0.21	-0.03	-15	3	98	3.01	97	12	17	7	79
286	37313028*	2069	39	450	0.07	-0.04	25	11	83	2.86	72	2	4	0	70
287	37315014	2069	332	862	-0.11	-0.02	19	27	96	2.97	93	1	3	-6	77
288	31113216*	2069	28	506	0.05	0.04	24	22	80	2.94	67	-2	-1	5	53
289	11113672*	2068	145	19	-0.01	-0.06	0	-6	92	2.90	86	13	11	12	70
290	31112643*	2067	65	551	-0.09	0.02	12	21	87	2.92	79	3	1	4	56
291	37314022*	2066	27	530	-0.06	0.03	14	22	78	2.92	66	3	3	-2	59
292	21214041*	2065	93	999	-0.23	-0.09	13	24	88	2.98	78	2	4	-2	53
293	11114633*	2064	119	226	0.10	0.02	19	10	91	2.83	83	3	4	2	72
294	37309015*	2064	243	436	-0.07	-0.03	9	12	95	3.01	92	6	7	5	55
295	31111608*	2063	88	723	-0.07	-0.02	19	23	89	3.00	82	0	5	-4	52
296	37106978*	2062	49	569	0.19	0.06	42	26	82	2.96	71	-4	-5	-2	51
297	31106505*	2062	263	472	0.10	-0.06	28	9	96	2.88	94	4	0	5	41
298	12111274*	2062	480	540	0.04	-0.03	25	15	97	3.02	96	3	4	0	78
299	37311008*	2059	56	772	0.12	-0.02	41	24	88	3.08	80	-1	-5	2	67
300	37313014*	2059	54	774	-0.30	-0.10	-3	15	84	2.89	74	6	7	4	71
301	37315039	2058	68	447	0.12	-0.04	29	10	87	2.91	75	3	-3	10	85
302	31109295*	2058	475	435	0.12	0.04	29	20	98	2.96	96	-1	-1	2	84
303	37308056*	2057	349	793	-0.23	-0.10	5	15	97	2.99	94	5	9	0	60
304	12109254*	2057	199	194	-0.12	-0.04	-5	3	96	2.99	92	12	9	12	78

（续）

序号	牛号	CPI1	生产性状							健康性状		体型性状			
			女儿数（头）	产奶量（kg）	乳脂率（%）	乳蛋白率（%）	乳脂量（kg）	乳蛋白量（kg）	r^2（%）	体细胞评分	r^2（%）	体型总分	泌乳系统评分	肢蹄评分	r^2（%）
305	11113573*	2055	38	-305	-0.13	-0.07	-24	-18	82	3.06	72	21	18	24	56
306	37308051*	2055	391	1390	-0.18	-0.17	32	28	97	2.93	95	-7	-1	-4	65
307	37314047*	2055	143	774	-0.10	-0.02	18	24	91	2.96	84	1	2	-3	84
308	11109802*	2053	654	227	0.08	0.04	18	12	98	2.94	97	5	0	8	80
309	31111607*	2053	19	515	0.16	-0.08	35	9	73	2.84	60	0	2	-2	40
310	37303001*	2052	121	563	0.01	-0.06	23	13	92	2.94	87	5	1	2	57
311	14115312*	2051	26	-312	0.45	0.16	34	7	69	3.00	53	4	3	1	42
312	12100554*	2051	998	613	-0.04	0.04	19	26	99	3.08	98	0	1	1	93
313	12112285*	2051	97	1045	-0.21	-0.01	17	34	92	3.12	87	1	-1	-2	66
314	37308019*	2049	485	455	0.00	-0.07	17	8	98	2.97	96	4	2	11	86
315	53110323*	2049	339	98	-0.19	-0.04	-15	0	97	3.06	94	23	17	-2	77
316	37311019*	2046	28	544	-0.12	-0.03	8	15	81	2.96	69	5	4	4	50
317	37312039	2046	523	548	-0.01	0.03	19	22	98	2.96	96	-1	-2	6	94
318	31114209*	2046	438	470	-0.04	-0.05	13	10	97	2.97	95	6	2	9	86
319	31111606*	2046	10	330	0.19	-0.03	32	8	58	2.86	46	1	3	-2	43
320	37310016*	2045	268	756	-0.09	-0.06	19	19	96	2.92	92	2	0	1	76
321	31109287*	2044	49	191	0.04	0.06	12	13	83	2.84	75	4	2	3	45
322	12109261*	2043	224	164	0.12	0.00	19	5	96	2.94	93	8	7	-2	61
323	11110524*	2039	1751	239	0.06	-0.01	15	7	99	3.04	99	5	8	3	95
324	11112650*	2038	126	313	0.06	0.02	18	13	92	2.96	85	2	2	5	83
325	37312025*	2038	67	533	0.10	0.00	30	17	88	3.10	79	0	4	-3	57
326	31110264*	2038	108	779	-0.23	-0.04	4	22	89	3.02	80	4	3	3	80
327	11115610*	2037	26	505	0.11	-0.01	31	16	76	2.93	59	1	-3	2	64
328	31111612*	2037	55	993	-0.02	-0.09	34	24	84	2.94	73	-4	-3	-3	44
329	11113659*	2036	22	-91	0.02	-0.18	-1	-22	75	2.95	64	16	13	20	52
330	11110525*	2034	415	158	-0.04	-0.06	1	-1	97	3.02	95	9	9	13	83
331	37314044*	2034	20	759	0.02	-0.07	30	18	73	3.02	58	-1	3	-5	60
332	31109547*	2034	67	106	0.19	-0.01	23	2	89	2.91	81	5	3	6	43

（续）

序号	牛号	CPI1	生产性状							健康性状		体型性状			
			女儿数（头）	产奶量（kg）	乳脂率（%）	乳蛋白率（%）	乳脂量（kg）	乳蛋白量（kg）	r^2（%）	体细胞评分	r^2（%）	体型总分	泌乳系统评分	肢蹄评分	r^2（%）
333	12104181*	2034	728	201	0.01	0.00	9	7	98	3.00	98	9	6	4	90
334	12105214*	2034	265	477	-0.05	0.03	13	20	97	3.04	95	1	1	6	71
335	31115197*	2032	22	-387	0.30	0.11	16	-1	72	3.01	56	10	10	0	50
336	31104161*	2031	1600	934	-0.18	-0.11	16	19	99	3.01	99	1	-1	7	95
337	11113669*	2029	42	-340	0.17	-0.06	4	-18	83	3.04	72	15	9	23	66
338	37311002*	2029	130	298	-0.15	-0.01	-5	9	92	2.90	86	5	2	17	66
339	13203033*	2028	60	-261	0.02	0.05	-8	-3	85	2.85	76	8	12	9	45
340	31113658*	2027	159	285	-0.09	0.00	1	10	94	2.94	88	4	12	-3	69
341	31114208*	2026	72	98	0.12	0.07	15	11	88	2.88	79	1	6	-2	56
342	31112646*	2026	38	527	-0.30	-0.12	-12	4	79	2.91	66	10	11	6	45
343	11115602*	2024	75	297	0.04	0.04	15	15	87	3.10	77	4	2	6	84
344	31115400*	2023	313	191	0.15	0.03	23	10	96	2.88	92	2	0	3	89
345	37313031*	2022	68	576	0.01	-0.07	22	11	87	2.91	78	4	2	-2	80
346	37314037	2022	1062	530	-0.10	-0.04	9	14	98	3.00	97	3	3	6	92
347	31104479*	2021	448	404	-0.06	-0.03	9	10	97	3.00	95	3	7	3	84
348	31109546*	2018	462	704	-0.21	0.00	4	24	98	2.88	96	1	-2	4	87
349	31104190*	2015	64	-441	0.40	0.07	24	-7	89	2.91	82	3	7	7	49
350	11110533*	2012	1468	895	-0.25	-0.01	6	30	99	2.97	99	-2	-2	2	96
351	11109751*	2012	769	887	-0.15	-0.06	16	24	98	3.03	98	-3	-3	7	94
352	37310032*	2011	191	916	-0.33	-0.11	-1	19	95	3.03	92	5	5	1	75
353	37311024*	2011	41	412	0.07	-0.02	23	12	83	2.99	74	3	3	-3	57
354	53109328*	2010	242	683	-0.20	-0.04	4	19	95	3.09	91	0	5	5	52
355	21214037*	2009	17	1132	0.05	-0.10	47	27	67	2.96	54	-9	-7	-6	52
356	37314057*	2008	95	492	0.15	0.04	34	22	90	2.87	80	-5	-10	5	70
357	37313019*	2007	92	426	0.03	0.02	19	17	89	3.03	82	2	-2	5	76
358	37308045*	2005	577	357	-0.04	0.03	9	15	98	2.98	96	3	1	5	79
359	11115635*	2004	166	124	0.09	0.01	14	6	92	2.83	84	1	8	-5	75
360	53210194* 37310026	2004	366	507	-0.15	-0.06	3	11	97	3.01	85	1	9	2	65

（续）

序号	牛号	CPI1	生产性状							健康性状		体型性状			
			女儿数（头）	产奶量（kg）	乳脂率（%）	乳蛋白率（%）	乳脂量（kg）	乳蛋白量（kg）	r^2（%）	体细胞评分	r^2（%）	体型总分	泌乳系统评分	肢蹄评分	r^2（%）
361	37310026*	2004	366	507	-0.15	-0.06	3	11	97	3.01	94	1	9	2	65
362	37311020*	2004	49	135	0.11	0.03	16	8	86	3.03	76	3	6	1	53
363	37312038	2004	1636	689	-0.08	-0.02	17	21	99	2.94	98	-2	2	-5	96
364	11109655*	2001	1799	298	-0.01	-0.06	10	4	99	2.96	99	5	7	2	96
365	37314050*	2001	114	496	-0.26	-0.03	-9	13	91	2.85	82	3	2	11	81
366	31112645*	2001	143	680	-0.12	-0.13	13	8	93	2.91	88	2	3	4	64
367	12109257*	2001	86	144	0.05	0.02	10	7	91	3.10	85	9	2	9	71
368	12108242*	2000	117	497	0.01	0.00	20	18	94	3.02	89	2	-5	7	65
369	37308035*	1998	602	-10	0.08	0.02	8	2	98	2.89	97	2	6	7	93
370	31114689*	1998	133	278	-0.22	-0.10	-13	-2	92	2.87	84	10	7	14	55
371	14114060*	1997	48	369	0.13	0.04	28	17	80	2.89	66	-5	-3	1	45
372	12106282*	1996	224	526	-0.12	-0.05	7	13	96	2.95	93	4	2	3	75
373	11111512*	1994	820	1092	-0.29	-0.09	9	26	98	2.96	97	-2	-2	1	96
374	31111249*	1994	106	418	0.04	-0.03	20	10	91	2.93	84	-1	-1	7	65
375	31115183*	1993	30	795	-0.22	0.01	6	28	76	2.93	60	0	0	-6	53
376	31111604*	1993	74	366	0.11	-0.02	25	10	88	2.99	79	2	-1	3	54
377	65112056*	1993	200	603	0.05	0.01	28	22	94	2.92	89	-5	-8	5	72
378	31112642*	1992	47	783	-0.28	-0.13	-1	12	84	2.93	74	3	3	7	61
379	11113575*	1990	94	534	-0.07	-0.05	13	13	90	2.81	82	1	-1	1	66
380	41115864*	1989	142	569	0.05	-0.03	26	16	92	3.01	85	2	2	-9	77
381	31104485*	1989	874	619	-0.09	-0.02	13	19	98	2.90	98	-2	-1	1	78
382	31111613*	1987	274	512	0.00	0.04	19	22	96	2.99	92	-4	-2	1	60
383	31109715*	1987	185	552	-0.20	-0.11	-1	6	94	3.07	89	7	7	7	82
384	31110279*	1985	394	578	-0.01	-0.07	20	11	97	3.03	95	1	1	3	82
385	11105007*	1984	1307	527	-0.01	-0.02	19	16	99	3.00	98	-2	-3	7	89
386	11112501*	1984	43	520	-0.30	0.01	-13	19	84	2.99	74	3	6	3	66
387	14115072	1984	47	174	0.03	0.06	10	13	80	3.02	65	4	2	2	41
388	31111620*	1983	29	467	-0.26	-0.05	-9	10	81	3.02	70	6	6	8	40

（续）

序号	牛号	CPI1	生产性状							健康性状		体型性状			
			女儿数（头）	产奶量（kg）	乳脂率（%）	乳蛋白率（%）	乳脂量（kg）	乳蛋白量（kg）	r^2（%）	体细胞评分	r^2（%）	体型总分	泌乳系统评分	肢蹄评分	r^2（%）
389	12113309*	1983	105	-151	0.08	0.01	3	-4	92	2.94	84	10	10	1	47
390	31111245*	1981	25	139	-0.26	0.09	-22	15	78	2.86	66	6	4	8	48
391	11109617*	1980	113	582	-0.11	-0.05	10	14	92	2.98	87	2	-1	6	71
392	41114861*	1980	45	329	-0.03	-0.01	9	10	84	3.01	73	3	7	-3	56
393	41114875*	1980	10	858	0.01	-0.14	33	13	57	3.06	42	-1	1	-5	41
394	31108101*	1980	1252	379	-0.09	0.04	5	18	99	2.97	98	2	1	1	94
395	11113665*	1978	185	-300	0.04	0.01	-8	-9	94	3.01	89	13	9	14	68
396	11114616*	1978	61	293	-0.01	0.01	10	10	87	2.90	78	2	0	5	59
397	31106131*	1978	919	371	0.10	-0.02	25	11	98	3.01	98	0	1	-1	78
398	11116666*	1977	25	570	-0.13	-0.01	8	18	69	3.10	56	2	2	2	62
399	31106509*	1977	1137	792	-0.09	-0.02	20	25	99	2.93	99	-3	-3	-6	77
400	11114638*	1976	45	-200	0.02	-0.01	-5	-8	84	2.87	72	10	8	10	68
401	37310010*	1976	132	1058	-0.18	-0.04	19	31	93	2.93	87	-4	-8	-2	68
402	11112622*	1975	209	1114	-0.21	-0.12	19	24	94	3.01	90	-1	-5	0	86
403	31115411*	1975	122	509	-0.09	-0.09	9	7	92	2.79	83	5	0	1	54
404	13204369*	1974	348	324	0.18	0.00	31	11	97	3.01	95	-3	-1	1	86
405	37312021*	1974	27	265	0.16	-0.02	26	7	77	3.03	64	1	2	0	40
406	37314058	1972	513	418	0.07	-0.03	22	10	97	2.96	95	0	-3	6	95
407	37315040*	1972	14	773	-0.17	-0.15	10	10	59	3.02	48	4	5	-2	45
408	12108239*	1972	311	538	0.01	-0.05	20	13	96	3.06	94	1	1	0	45
409	11111506*	1971	199	359	-0.05	-0.03	8	9	94	2.96	89	4	6	-4	64
410	37308052*	1971	596	625	-0.09	-0.03	14	18	98	2.94	96	-2	-2	2	81
411	37308048*	1970	47	1111	-0.15	0.02	25	40	84	3.01	72	-10	-11	-2	52
412	37314048	1967	421	-187	0.15	0.20	8	15	97	2.97	95	0	4	-3	96
413	11116669	1966	16	149	0.14	-0.03	20	2	66	3.01	51	6	6	-5	48
414	31112241*	1966	72	260	0.02	-0.02	12	6	88	2.91	80	3	2	2	59
415	11112537*	1965	205	-48	-0.01	0.02	-3	1	94	2.92	90	8	6	5	81
416	11115637*	1965	95	-485	0.46	0.19	29	4	88	2.88	78	1	2	-6	80

（续）

序号	牛号	CPI1	生产性状							健康性状		体型性状			
			女儿数（头）	产奶量（kg）	乳脂率（%）	乳蛋白率（%）	乳脂量（kg）	乳蛋白量（kg）	r^2（%）	体细胞评分	r^2（%）	体型总分	泌乳系统评分	肢蹄评分	r^2（%）
417	11114618*	1965	31	625	-0.02	-0.13	20	6	81	2.98	67	4	0	2	60
418	31112235*	1965	20	237	0.05	0.03	13	11	71	2.90	56	0	0	2	40
419	11113673*	1961	33	-689	0.08	0.12	-17	-11	80	3.07	69	16	11	15	54
420	11114660*	1957	22	-103	0.11	0.00	7	-4	75	2.96	61	6	9	1	57
421	37313011*	1955	31	436	-0.10	-0.08	6	5	75	2.96	64	6	2	4	51
422	13204234*	1953	314	377	0.14	0.09	28	23	97	3.01	95	-7	-5	-2	82
423	11111501*	1950	359	1546	-0.28	-0.12	26	38	97	3.11	94	-8	-16	7	93
424	11114632*	1949	38	380	0.02	-0.10	16	2	82	2.96	70	4	2	2	67
425	11111609*	1949	264	231	0.02	-0.04	11	4	96	2.94	92	0	-3	15	83
426	37310007*	1949	155	567	-0.04	0.00	17	19	94	3.02	89	-3	-5	5	71
427	12105280*	1948	395	231	-0.13	0.00	-5	8	97	2.96	96	4	7	0	88
428	11110528*	1946	501	329	0.00	-0.04	13	7	97	2.95	95	2	3	-2	74
429	13207135*	1946	565	99	-0.01	0.06	3	10	97	2.89	96	-1	0	7	67
430	37308053*	1945	278	297	-0.04	-0.05	7	5	96	2.92	93	4	1	4	71
431	11109522*	1943	376	359	-0.05	-0.05	7	6	97	2.94	95	4	3	0	82
432	37314005*	1943	36	659	-0.22	-0.11	1	11	80	2.91	68	0	2	3	64
433	31113219*	1943	400	526	-0.07	-0.03	12	14	97	3.00	95	-1	0	1	82
434	37313040*	1942	21	489	-0.09	-0.09	9	7	73	2.84	58	5	-3	3	50
435	37313043*	1942	36	171	-0.01	0.01	5	7	81	2.87	69	3	-2	7	62
436	31104158*	1941	3151	109	0.01	0.07	5	11	99	2.95	99	2	-1	5	90
437	53108327*	1941	230	543	-0.23	-0.04	-4	14	95	3.05	91	4	1	6	68
438	11114656*	1940	66	304	-0.07	-0.07	4	3	86	2.90	74	4	3	3	61
439	31112678*	1940	93	-58	-0.21	-0.03	-24	-5	90	2.86	79	11	8	12	63
440	11115621	1939	481	95	0.07	0.08	11	12	97	3.09	95	0	2	2	95
441	11101916*	1939	6295	348	0.06	0.01	19	13	99	3.02	99	-1	-3	3	98
442	11110503*	1938	198	-281	0.06	-0.03	-5	-13	95	2.95	90	9	14	3	80
443	13203057*	1938	185	203	-0.03	0.03	4	11	94	2.97	89	0	3	1	75
444	11113656*	1937	30	-24	-0.01	-0.10	-3	-12	79	3.07	67	12	9	11	59

（续）

（续）

序号	牛号	CPI1	生产性状							健康性状		体型性状			
			女儿数（头）	产奶量（kg）	乳脂率（%）	乳蛋白率（%）	乳脂量（kg）	乳蛋白量（kg）	r^2（%）	体细胞评分	r^2（%）	体型总分	泌乳系统评分	肢蹄评分	r^2（%）
445	41106868*	1936	367	381	0.07	-0.01	22	12	97	2.96	95	-3	0	-4	56
446	37307001*	1936	1133	-195	-0.09	-0.05	-16	-13	99	3.01	98	13	10	15	89
447	37311006*	1934	187	638	-0.30	-0.05	-8	16	95	2.97	90	4	4	-3	88
448	37309019*	1932	245	246	-0.06	-0.03	3	5	96	3.00	92	4	2	6	68
449	37313035*	1932	727	311	0.09	0.03	21	14	98	2.95	97	-3	-2	-3	96
450	11115613*	1931	20	1540	-0.20	-0.18	35	31	63	3.00	53	-5	-6	-19	62
451	37307017*	1930	350	-57	-0.04	-0.04	-6	-6	96	2.95	93	7	2	18	80
452	37311004*	1928	141	85	-0.03	0.03	0	7	93	2.97	88	4	-2	11	81
453	11114668*	1927	41	-91	0.25	0.07	22	4	81	2.87	68	0	-2	0	51
454	13204108*	1925	97	106	-0.12	0.02	-8	6	91	3.05	85	3	11	-2	71
455	31113661*	1925	1002	87	0.11	0.03	14	7	99	2.98	98	0	-2	6	94
456	37308027*	1923	532	284	-0.07	0.00	4	10	98	3.01	96	0	2	3	80
457	37309007*	1923	133	654	0.01	-0.04	26	19	93	2.96	87	-5	-8	0	54
458	37316029	1923	11	904	-0.23	-0.13	9	16	58	3.10	47	-1	2	-2	42
459	31110282*	1923	107	266	0.00	0.00	10	9	91	2.96	84	-1	1	1	50
460	53210173* 37310038	1921	438	404	-0.13	0.01	2	15	97	3.05	96	2	1	0	74
461	37310039*	1921	673	837	-0.20	-0.09	10	18	98	2.94	97	-2	-5	2	90
462	14112285*	1921	156	853	-0.17	-0.08	14	20	94	2.97	89	-5	-3	-2	45
463	31110284*	1921	73	423	-0.16	-0.05	-1	9	88	2.89	80	1	1	3	44
464	37310038* 53210173	1921	438	404	0.01	-0.13	2	15	97	3.05	96	2	1	0	74
465	11112625*	1919	409	269	0.02	-0.05	13	4	97	3.03	95	2	-1	7	92
466	13203054*	1919	348	679	0.03	-0.06	29	17	96	2.82	93	-8	-5	-8	84
467	31111624*	1919	200	622	0.03	-0.06	26	14	95	2.98	90	-5	-6	2	68
468	31112229*	1918	46	125	-0.10	-0.05	-6	-2	85	3.06	74	5	9	6	52
469	11109530*	1916	240	640	-0.03	-0.06	21	15	95	3.02	92	-1	-3	-4	60
470	11111522*	1916	291	480	-0.01	-0.14	16	0	96	3.02	94	1	1	6	87

（续）

（续）

序号	牛号	CPI1	生产性状							健康性状		体型性状			
			女儿数（头）	产奶量（kg）	乳脂率（%）	乳蛋白率（%）	乳脂量（kg）	乳蛋白量（kg）	r^2（%）	体细胞评分	r^2（%）	体型总分	泌乳系统评分	肢蹄评分	r^2（%）
471	37315023*	1916	220	1	0.15	0.12	16	14	94	2.85	88	-1	-5	-3	66
472	65111113*	1916	76	19	-0.09	0.03	-9	4	87	2.88	79	6	0	9	58
473	31108526*	1914	2047	156	-0.18	0.05	-13	11	99	2.97	99	1	3	7	97
474	37310022*	1913	1105	541	-0.24	-0.07	-6	11	99	3.03	98	2	4	2	94
475	12111278*	1912	367	853	-0.08	-0.06	23	23	97	2.94	95	-6	-5	-9	78
476	53213153	1909	35	300	-0.06	-0.09	5	0	80	2.97	69	3	5	1	46
	37313038														
477	37313015*	1909	57	552	-0.11	-0.09	9	8	85	2.94	75	-2	6	-8	75
478	37313038*	1909	35	300	-0.09	-0.06	5	0	80	2.97	69	3	5	1	46
	53213153														
479	11111616*	1908	1088	280	0.02	-0.07	12	2	99	3.01	98	2	2	2	97
480	14115730*	1906	40	-7	0.11	-0.04	12	-4	79	2.99	63	5	1	6	49
481	31106118*	1906	241	76	-0.04	0.02	-1	4	96	3.04	92	5	2	6	53
482	37308054*	1905	239	706	-0.10	-0.10	16	14	96	2.99	93	-4	-4	2	69
483	11109630*	1904	193	424	-0.07	-0.10	8	3	95	2.97	92	0	1	5	87
484	11111610*	1903	181	132	-0.17	-0.07	-12	-3	94	2.96	89	7	7	6	76
485	37314060*	1903	35	564	-0.02	-0.12	18	6	79	2.94	65	0	-4	3	58
486	11112530*	1902	87	-47	0.02	-0.12	0	-14	90	2.95	82	8	5	12	65
487	31111577*	1902	138	641	-0.06	-0.08	18	13	92	2.98	86	-4	-4	1	74
488	13203896*	1899	308	-573	0.04	0.02	-17	-18	97	3.02	94	13	12	12	85
489	31108102*	1897	171	286	-0.15	0.05	-5	16	94	2.90	90	-1	-2	2	56
490	31111601*	1895	95	362	0.15	-0.08	29	4	90	2.95	82	-4	-1	-4	57
491	13205570*	1894	173	182	-0.13	-0.03	-7	3	94	3.04	88	3	-2	18	50
492	37313029*	1894	30	511	-0.17	-0.09	1	7	76	2.99	63	5	-1	3	69
493	31114681*	1894	58	-390	0.08	0.04	-6	-9	87	2.89	77	6	5	9	50
494	11114612*	1892	195	-306	0.27	0.16	16	7	95	2.98	89	-2	0	-2	91
495	11111529*	1892	109	416	-0.14	-0.05	1	9	92	2.98	85	1	2	-1	68
496	11111503*	1892	1277	499	-0.01	-0.09	18	6	99	3.03	98	-2	-3	5	97

（续）

序号	牛号	CPI1	生产性状							健康性状		体型性状			
			女儿数（头）	产奶量（kg）	乳脂率（%）	乳蛋白率（%）	乳脂量（kg）	乳蛋白量（kg）	r^2（%）	体细胞评分	r^2（%）	体型总分	泌乳系统评分	肢蹄评分	r^2（%）
497	31114207*	1892	129	321	0.17	-0.07	29	3	92	2.98	85	-1	0	-7	56
498	11101906*	1891	4629	260	-0.05	0.09	5	19	99	2.98	99	-4	-1	-4	97
499	37304004*	1890	1613	-281	-0.01	-0.01	-12	-11	99	3.03	99	11	2	20	94
500	11114620*	1888	55	-383	0.26	0.00	13	-13	87	2.97	76	4	4	7	70
501	37316003	1888	63	878	-0.45	-0.21	-16	6	85	2.96	73	4	4	5	72
502	12108250*	1888	320	120	-0.04	-0.07	0	-4	97	2.95	95	6	0	10	83
503	12113308*	1888	58	-107	0.08	-0.04	4	-8	88	3.04	78	5	7	4	40
504	37308055*	1887	305	105	-0.12	-0.06	-8	-3	96	2.97	94	6	5	6	65
505	31111258*	1887	73	564	-0.15	0.00	5	19	88	2.96	79	-3	-3	-3	56
506	11116682	1883	28	44	0.21	0.00	23	2	74	2.98	60	0	2	-8	72
507	13205607*	1883	968	-104	0.02	-0.02	-2	-6	98	2.92	98	5	6	2	93
508	31112641*	1882	55	-74	0.01	-0.10	-2	-14	85	3.01	74	7	7	10	51
509	41107822*	1881	251	345	0.03	0.00	16	11	96	2.92	93	-4	-3	-3	63
510	14114058*	1880	87	515	0.08	-0.09	28	7	89	3.00	81	-4	-5	0	60
511	11117659	1879	20	-641	0.29	0.07	5	-14	70	2.59	48	0	4	1	55
512	37309024*	1879	72	-312	0.08	0.16	-3	6	87	3.17	76	7	2	4	45
513	31106500*	1879	2042	-286	0.21	0.09	11	0	99	2.97	99	1	3	-2	93
514	11111619*	1878	361	167	0.02	-0.04	8	1	97	2.96	94	3	2	-2	90
515	41115863*	1877	81	318	0.05	0.02	16	13	87	3.10	76	-2	-4	1	52
516	31111580*	1876	237	515	-0.07	-0.03	13	14	95	3.03	90	-3	-4	0	79
517	37304012*	1875	165	877	-0.33	-0.08	-3	21	94	2.95	88	-4	-2	-3	49
518	37310034*	1875	249	529	-0.07	-0.03	12	15	95	3.00	92	-5	-5	2	64
519	12113311*	1875	124	607	-0.03	-0.02	20	19	92	3.04	86	-6	-10	4	49
520	11109665*	1874	6009	193	0.05	0.07	12	14	99	2.99	99	-3	-3	-3	99
521	21212010*	1872	29	1797	-0.38	-0.16	24	43	77	2.96	65	-15	-16	-8	48
522	13210143*	1872	895	294	-0.04	-0.01	6	9	98	3.00	97	1	-4	4	96
523	12104180*	1872	259	287	-0.01	-0.02	10	7	96	3.04	92	-1	0	0	65
524	11199000*	1870	410	246	0.10	0.04	20	13	97	2.97	95	-6	-9	5	81

（续）

序号	牛号	CPI1	生产性状							健康性状		体型性状			
			女儿数（头）	产奶量（kg）	乳脂率（%）	乳蛋白率（%）	乳脂量（kg）	乳蛋白量（kg）	r^2（%）	体细胞评分	r^2（%）	体型总分	泌乳系统评分	肢蹄评分	r^2（%）
525	37314051*	1870	55	-976	0.35	0.17	-2	-15	83	2.93	70	8	7	5	53
526	11101905*	1869	1486	554	-0.15	0.00	5	19	99	2.96	99	-5	0	-9	93
527	31106508*	1869	1409	366	-0.02	-0.05	12	7	99	2.95	99	0	1	-8	94
528	11113660*	1866	103	427	-0.30	-0.16	-16	-3	91	3.03	84	4	9	5	88
529	37313008*	1865	28	577	0.05	-0.11	27	7	78	2.97	65	-3	-10	5	62
530	37309014*	1864	305	584	0.00	-0.03	21	17	96	2.92	93	-8	-10	1	78
531	11109663*	1863	1057	479	-0.15	-0.05	2	11	99	2.92	98	-1	5	-14	84
532	31110554*	1862	121	-224	-0.11	-0.05	-20	-13	91	2.90	84	7	11	6	49
533	37311025*	1859	147	-106	0.11	0.13	8	11	93	2.98	88	0	-3	-3	85
534	37309005*	1858	233	423	-0.08	-0.05	7	9	95	3.05	91	1	0	-4	52
535	31111600*	1858	186	-128	0.11	0.04	7	0	95	3.01	90	3	0	2	63
536	31104706*	1858	74	460	-0.15	-0.08	1	6	89	3.03	82	2	3	-4	60
537	11109533*	1857	820	317	-0.11	-0.09	0	1	98	3.03	97	3	4	-1	92
538	11109804*	1857	2534	17	0.10	0.03	12	4	99	3.01	99	-1	-2	2	98
539	31108100*	1857	6963	820	-0.28	-0.14	0	12	99	3.00	99	-2	-1	0	98
540	31104169*	1857	1409	178	-0.24	-0.01	-18	5	99	2.92	99	4	0	8	81
541	11111509*	1856	336	-356	0.09	0.03	-4	-8	97	3.07	95	7	6	5	88
542	37307016*	1856	295	-3	-0.05	-0.04	-5	-4	96	3.01	92	4	2	9	73
543	11109745*	1855	5656	657	-0.20	-0.01	4	22	99	3.00	99	-3	-3	-9	99
544	31110556*	1855	456	216	-0.34	-0.12	-27	-5	97	3.02	96	9	9	7	46
545	37312023*	1854	21	-313	0.07	0.07	-5	-4	77	3.05	66	5	9	-3	44
546	37315033*	1854	27	330	-0.02	-0.05	10	6	71	3.04	53	0	-1	-1	54
547	11109518*	1851	2423	309	-0.06	-0.03	5	7	99	3.02	99	0	-1	0	97
548	11111615*	1850	187	-221	0.00	0.01	-9	-6	94	3.08	89	5	8	4	66
549	13203330*	1850	1792	250	0.12	0.04	22	13	99	2.98	99	-6	-9	1	95
550	31112232*	1850	492	-17	0.05	0.03	4	3	97	3.08	96	3	3	-3	91
551	11114626*	1849	335	-289	0.24	-0.01	13	-11	96	3.16	92	5	3	7	91
552	13202011*	1848	155	-285	0.11	0.09	0	0	94	2.96	90	5	4	-6	66

（续）

序号	牛号	CPI1	生产性状							健康性状		体型性状			
			女儿数（头）	产奶量（kg）	乳脂率（%）	乳蛋白率（%）	乳脂量（kg）	乳蛋白量（kg）	r^2（%）	体细胞评分	r^2（%）	体型总分	泌乳系统评分	肢蹄评分	r^2（%）
553	11114603*	1847	90	-584	0.37	0.08	15	-11	87	2.90	78	3	2	-1	53
554	37311009*	1845	120	185	-0.13	-0.07	-7	-1	92	2.89	86	2	3	1	69
555	31114687*	1845	78	39	-0.04	-0.02	-2	-1	88	3.13	79	4	6	0	53
556	31112650*	1845	20	428	-0.30	-0.11	-15	3	70	2.94	55	2	4	2	43
557	13314083	1845	560	865	-0.21	-0.07	9	21	98	3.06	96	-5	-6	-3	83
558	11108672*	1842	1000	239	-0.09	-0.06	-1	1	99	3.06	98	2	6	-4	96
559	31112654*	1841	54	-61	-0.21	-0.10	-23	-13	84	2.93	72	9	4	16	62
560	11113556*	1840	42	-610	0.15	0.03	-7	-18	83	3.07	71	6	10	9	59
561	11101914*	1839	804	276	-0.12	0.00	-2	10	98	3.07	98	-3	-2	6	81
562	37307026*	1838	248	35	-0.07	0.02	-6	3	95	2.98	91	2	5	-5	48
563	31111603*	1838	102	172	-0.10	-0.09	-4	-4	91	2.97	84	3	6	-2	49
564	12101148*	1837	941	-506	0.05	0.00	-14	-17	99	3.03	98	11	9	7	87
565	13204377*	1836	567	458	-0.05	-0.02	12	13	98	2.93	97	-4	-6	-4	78
566	37314059*	1836	24	9	0.09	0.11	9	13	73	2.95	59	-6	-5	-1	49
567	11115650*	1835	359	843	-0.39	-0.18	-11	8	96	2.89	93	0	-3	5	95
568	11114613*	1835	52	-496	0.06	0.04	-12	-12	84	2.79	72	6	6	1	60
569	31104473*	1834	933	25	-0.07	-0.11	-6	-11	99	3.04	98	5	7	5	92
570	37308009*	1832	236	180	-0.22	-0.04	-16	1	95	2.92	91	2	0	9	65
571	37314040	1832	1305	432	-0.09	-0.06	7	8	99	2.94	98	-4	-3	-1	96
572	31111625*	1832	188	121	0.01	-0.06	5	-2	94	3.06	88	2	3	-1	48
573	15516053*	1830	76	281	-0.17	-0.07	-7	1	83	2.94	71	3	1	1	66
574	31115694*	1830	188	-29	-0.09	0.02	-9	1	94	3.05	89	5	3	1	75
575	31111259*	1828	82	-142	-0.02	0.05	-6	1	89	2.97	81	4	0	2	63
576	37313013*	1827	61	289	-0.07	-0.10	4	-1	87	3.04	78	2	-1	4	73
577	13203832*	1825	1158	-29	0.10	0.12	9	13	99	3.00	98	-4	-2	-8	94
578	31113669*	1824	132	415	-0.05	-0.05	10	8	92	2.97	85	-5	-7	5	62
579	37308050*	1823	202	379	0.01	-0.05	15	7	96	3.01	93	0	-8	1	81
580	11110650*	1822	202	-64	-0.02	0.00	-4	-2	94	2.90	89	1	-1	5	67

（续）

序号	牛号	CPI1	生产性状							健康性状		体型性状			
			女儿数（头）	产奶量（kg）	乳脂率（%）	乳蛋白率（%）	乳脂量（kg）	乳蛋白量（kg）	r^2（%）	体细胞评分	r^2（%）	体型总分	泌乳系统评分	肢蹄评分	r^2（%）
581	11111603*	1820	150	94	-0.18	-0.08	-16	-5	93	2.94	88	6	3	5	75
582	13214140* 15514140	1820	70	60	-0.05	0.01	-2	4	85	2.88	75	1	-2	-2	44
583	13210147*	1820	1644	49	-0.06	0.02	-4	4	99	2.93	98	1	1	-4	97
584	11105467*	1819	425	171	-0.01	0.02	6	8	97	3.04	95	-4	-1	-2	66
585	11109722*	1819	786	853	-0.14	-0.11	17	17	98	3.11	98	-5	-10	1	96
586	13204063*	1819	60	382	-0.12	-0.09	2	4	88	3.09	81	3	0	-2	65
587	37312001*	1816	39	-189	0.03	0.02	-4	-5	81	2.89	68	2	0	4	70
588	37312040*	1816	465	268	-0.23	-0.19	-14	-12	97	2.99	95	9	5	6	88
589	31107113*	1814	162	552	-0.07	-0.07	13	11	94	3.01	90	-6	-3	-6	54
590	12113294*	1814	107	394	-0.03	0.00	11	13	92	3.00	85	-3	-6	-5	59
591	11110646*	1813	116	-22	0.00	0.03	-1	3	92	2.98	86	-3	-3	7	65
592	11111515*	1812	138	146	-0.04	-0.02	1	3	93	3.05	87	-1	-4	8	90
593	11111516*	1809	172	172	-0.11	-0.03	-5	3	95	3.09	90	2	0	3	80
594	11103838*	1808	189	128	0.01	0.03	6	8	95	3.02	91	-3	1	-9	71
595	11104137*	1808	349	439	-0.09	0.03	7	18	97	2.94	95	-8	-6	-6	49
596	11111527*	1808	257	324	-0.22	0.01	-12	12	96	3.04	93	-1	-3	4	89
597	37303005*	1807	159	-28	0.00	0.03	0	3	93	2.92	88	-5	-3	5	66
598	11111507*	1806	25	110	-0.20	-0.13	-16	-10	74	2.94	63	4	7	3	46
599	13210240*	1806	1180	168	-0.04	0.03	2	9	98	2.94	98	-3	-3	-4	97
600	31109537*	1805	60	369	-0.05	-0.01	9	11	87	3.04	78	-5	-4	-3	42
601	31108525*	1805	1735	707	-0.22	-0.23	2	-2	99	2.99	99	-1	-1	4	94
602	11106002*	1803	5782	641	-0.12	-0.08	11	13	99	3.00	99	-6	-7	-2	97
603	11109563*	1802	505	29	-0.13	-0.04	-12	-3	97	3.03	95	2	3	5	90
604	31104478*	1801	56	-299	0.21	-0.03	10	-14	88	2.94	80	1	3	0	40
605	37313037*	1798	622	294	-0.31	-0.01	-21	9	98	3.04	96	2	-4	10	97
606	11109699*	1796	251	501	-0.09	-0.08	9	8	97	3.04	94	-3	-3	-5	92
607	31115181*	1796	225	519	-0.32	-0.19	-15	-4	95	2.97	90	4	4	1	92

（续）

序号	牛号	CPI1	生产性状							健康性状		体型性状			
			女儿数（头）	产奶量（kg）	乳脂率（%）	乳蛋白率（%）	乳脂量（kg）	乳蛋白量（kg）	r^2（%）	体细胞评分	r^2（%）	体型总分	泌乳系统评分	肢蹄评分	r^2（%）
608	31113215*	1796	55	333	-0.24	-0.03	-13	8	85	2.86	74	-1	-7	7	58
609	31109292*	1796	2220	-130	0.11	0.04	7	0	99	2.93	99	-1	-1	-5	97
610	11110001*	1795	795	356	-0.04	-0.11	9	0	98	3.05	97	0	2	-8	83
611	41115862*	1795	47	378	-0.05	-0.08	8	3	81	3.07	68	-1	-3	0	44
612	13210187*	1794	1308	-84	-0.07	0.04	-10	2	99	2.98	98	1	2	-2	96
613	37304014*	1794	923	45	-0.05	-0.01	-4	0	98	2.97	98	3	-6	8	77
614	37308033*	1794	183	67	-0.11	-0.05	-9	-3	94	2.99	90	-1	2	5	49
615	31113218*	1794	23	439	-0.23	-0.15	-8	-2	74	2.80	61	-2	-2	4	43
616	13210145*	1793	787	345	-0.17	0.00	-5	12	98	2.97	97	-3	-5	0	96
617	11104925*	1790	1240	-62	-0.09	-0.07	-11	-10	99	2.96	98	3	2	8	86
618	31109542*	1789	230	-62	-0.13	-0.06	-17	-9	96	2.99	93	5	7	1	81
619	11111519*	1787	93	246	0.15	0.01	25	9	90	2.98	83	-7	-7	-9	64
620	13204080*	1787	1053	636	-0.05	-0.08	18	13	99	3.05	98	-9	-7	-4	86
621	31113664*	1787	37	-112	-0.07	0.01	-11	-3	81	2.99	70	2	1	4	42
622	11114629*	1786	33	-365	0.18	0.00	4	-13	80	2.82	70	-1	4	-4	55
623	31111248*	1786	214	341	-0.04	-0.01	8	11	95	2.94	91	-7	-7	-2	73
624	37308021*	1783	168	526	-0.08	-0.08	12	9	94	2.97	90	-6	-4	-8	67
625	13210224*	1782	1178	169	-0.10	-0.02	-4	4	99	2.95	98	-2	-2	-1	96
626	37315013*	1781	188	-233	-0.12	-0.02	-21	-10	94	3.04	87	9	6	3	77
627	13203039*	1778	56	-100	0.06	-0.05	2	-9	84	2.91	75	-1	3	-3	58
628	31104183*	1778	53	-46	-0.18	-0.01	-20	-3	85	3.00	76	3	6	-1	54
629	11110545*	1777	214	24	0.02	-0.07	3	-7	95	3.03	91	0	0	3	81
630	11116668*	1776	125	68	-0.19	-0.16	-17	-15	88	3.18	81	9	16	-7	84
631	11109012*	1774	1549	279	0.17	-0.08	29	0	99	3.02	99	-5	-9	-1	97
632	37312020*	1773	45	85	0.02	0.02	6	5	85	2.95	74	-5	-7	2	55
633	37310035*	1772	74	520	-0.07	-0.11	13	6	89	2.93	80	-4	-5	-9	54
634	11109597*	1769	971	353	-0.14	-0.11	-2	-1	98	2.98	98	-1	-3	3	91
635	37313017*	1769	913	-22	0.03	0.00	2	-1	98	2.99	97	-2	-2	0	96

（续）

序号	牛号	CPI1	女儿数（头）	产奶量（kg）	乳脂率（%）	乳蛋白率（%）	乳脂量（kg）	乳蛋白量（kg）	r²（%）	体细胞评分	r²（%）	体型总分	泌乳系统评分	肢蹄评分	r²（%）
636	37309009*	1767	288	-27	0.01	0.00	0	-1	96	3.02	93	-2	1	-3	71
637	11109750*	1766	59	-82	0.00	-0.12	-3	-16	85	3.02	75	1	3	8	64
638	31112644*	1765	48	-484	0.19	-0.01	2	-17	86	2.97	76	2	4	1	54
639	12103164*	1762	127	-381	-0.02	-0.01	-16	-14	92	3.02	86	6	5	5	51
640	31104447*	1761	198	106	-0.09	-0.03	-4	1	95	3.03	91	0	-2	0	70
641	11106006*	1760	403	927	-0.19	-0.04	14	26	97	3.12	96	-8	-12	-9	85
642	31104160*	1760	56	706	-0.34	-0.18	-10	3	88	3.18	80	-1	0	5	50
643	31111602*	1759	175	132	0.03	-0.06	8	-2	94	3.01	90	-2	0	-7	70
644	14111540*	1758	82	-95	-0.02	0.05	-6	2	84	2.94	75	-2	-3	0	62
645	11102691*	1757	862	-238	-0.05	0.01	-14	-7	98	2.96	97	4	4	-3	55
646	37314031*	1757	34	302	-0.13	-0.11	-3	-2	81	3.08	69	1	2	-4	67
647	37314004*	1756	9	-566	0.04	-0.04	-17	-23	60	2.90	51	5	7	7	43
648	12111268*	1756	251	361	0.03	-0.03	16	9	96	2.97	92	-10	-5	-9	77
649	31104180*	1755	2123	73	0.03	-0.09	6	-7	99	2.98	99	-1	-3	2	94
650	37311012*	1753	88	-682	0.18	0.08	-7	-14	90	2.97	83	5	1	4	67
651	12112283*	1752	121	-254	0.00	-0.01	-9	-9	93	3.04	88	5	3	-1	51
652	11109571*	1751	1088	329	-0.07	-0.05	6	5	99	3.00	98	-3	-5	-5	92
653	11114635*	1751	64	-596	0.37	0.03	14	-18	87	3.02	77	2	3	-4	72
654	11106005*	1748	281	195	0.04	0.00	12	6	96	3.04	93	-3	-6	-7	63
655	11104849*	1746	1807	342	-0.23	-0.11	-11	0	99	3.07	99	1	-1	2	96
656	31115194*	1745	260	-389	-0.33	0.02	-48	-11	96	2.84	91	8	7	7	76
657	11116622	1744	37	-405	0.23	-0.03	8	-17	78	3.10	63	1	0	7	77
658	37303010*	1744	129	-745	0.01	0.07	-27	-18	91	3.04	84	8	8	7	48
659	13313080*	1744	733	-716	0.16	0.05	-11	-19	98	2.99	97	6	4	5	74
660	37313034*	1743	49	-60	-0.07	0.05	-9	4	84	2.91	73	-5	-4	1	77
661	37308037*	1742	719	413	-0.17	-0.02	-2	12	98	3.00	97	-4	-2	-13	89
662	37310013*	1742	288	398	-0.05	-0.01	10	12	96	3.04	93	-7	-10	-2	64
663	53213151 37313005	1741	50	-421	0.16	0.01	0	-13	85	2.95	76	0	-2	6	47

（续）

序号	牛号	CPI1	生产性状							健康性状		体型性状			
			女儿数（头）	产奶量（kg）	乳脂率（%）	乳蛋白率（%）	乳脂量（kg）	乳蛋白量（kg）	r^2（%）	体细胞评分	r^2（%）	体型总分	泌乳系统评分	肢蹄评分	r^2（%）
664	31104171˙	1740	716	-5	-0.13	-0.03	-14	-3	98	3.02	98	4	-2	3	75
665	13210146˙	1739	1186	-141	-0.01	0.04	-6	0	98	2.96	98	0	-3	-2	96
666	37311001˙	1739	214	230	-0.01	-0.04	8	4	95	2.85	91	-7	-5	-9	72
667	37309010˙	1737	325	-13	-0.01	0.00	-2	0	96	3.09	94	-1	0	-4	66
668	11101930˙	1736	4344	504	-0.16	-0.11	2	5	99	3.06	99	-6	-3	-3	97
669	11109567˙	1734	2113	-163	0.04	0.11	-1	6	99	3.02	99	-3	-3	-7	97
670	31109293˙	1733	513	72	0.13	-0.01	17	1	97	2.99	95	-5	-9	-2	89
671	11109535˙	1732	40	410	-0.11	-0.04	3	9	82	3.00	71	-5	-4	-10	53
672	31109539˙	1731	62	-138	-0.27	0.00	-33	-4	89	2.94	82	4	4	1	54
673	31109289˙	1731	2627	56	-0.23	-0.01	-22	1	99	3.01	99	1	2	-2	97
674	37312028˙	1729	23	323	0.01	-0.09	13	1	78	2.96	67	-6	-8	-2	58
675	37313041˙	1727	24	-240	0.10	-0.03	1	-11	72	2.98	57	0	1	-3	51
676	14115830˙	1727	51	-426	0.24	0.07	8	-7	83	2.95	71	-4	-8	7	71
677	31110281˙	1727	26	705	-0.50	-0.22	-27	-1	76	2.98	62	1	4	-2	41
678	12103175˙	1727	193	-158	0.06	0.03	0	-3	94	3.12	90	-2	-2	2	42
679	11199821˙	1726	3641	10	-0.10	-0.01	-10	-1	99	2.99	99	-4	-2	3	95
680	31109543˙	1726	2280	-7	-0.18	-0.09	-19	-10	99	3.00	99	2	4	2	97
681	11102921˙	1725	768	-78	-0.01	-0.04	-4	-7	98	2.91	97	-3	1	-4	82
682	11102910˙	1724	4496	200	-0.20	0.00	-13	7	99	2.98	99	-2	-5	-1	97
683	37316021˙	1724	53	-745	0.53	-0.02	25	-28	80	2.94	67	-2	2	-2	83
684	11106001˙	1722	683	183	-0.18	-0.06	-12	0	98	3.00	97	0	-2	-1	86
685	37304018˙	1721	596	-20	0.09	-0.01	8	-2	98	2.97	96	-3	-6	-3	88
686	12112284˙	1721	192	158	-0.15	-0.07	-10	-2	95	3.01	91	-1	-2	1	59
687	11110724˙	1719	405	-720	0.19	0.02	-8	-23	97	3.04	95	3	7	3	88
688	13204748˙	1717	2585	376	-0.34	-0.11	-21	1	99	3.01	99	1	1	-3	98
689	11116689˙	1715	26	808	-0.48	-0.11	-21	15	67	3.00	57	-3	-5	-4	86
690	13204105˙	1715	115	193	-0.05	-0.10	2	-5	92	3.11	87	-2	0	-3	74
691	37310037˙	1713	559	163	0.00	0.01	6	7	98	3.08	97	-6	-9	0	91

（续）

序号	牛号	CPI1	生产性状							健康性状		体型性状			
			女儿数（头）	产奶量（kg）	乳脂率（%）	乳蛋白率（%）	乳脂量（kg）	乳蛋白量（kg）	r^2（%）	体细胞评分	r^2（%）	体型总分	泌乳系统评分	肢蹄评分	r^2（%）
692	31104165*	1713	144	99	-0.03	0.00	0	3	94	3.00	89	-6	-5	-2	62
693	31110562*	1707	572	-905	0.08	0.08	-25	-22	98	2.96	97	7	8	2	90
694	37315026*	1706	16	-416	-0.18	0.08	-34	-5	65	2.97	50	7	4	-3	52
695	31109530*	1706	322	-422	0.08	0.02	-8	-12	96	2.83	93	-3	2	-4	72
696	37313003*	1704	30	-6	0.01	-0.07	1	-8	78	2.84	64	-5	-2	-5	52
697	37314033*	1701	82	-287	-0.04	-0.05	-15	-15	85	2.95	76	4	4	-3	55
698	37314049*	1700	167	242	-0.32	-0.09	-24	-2	93	2.98	86	-2	0	3	63
699	13205116*	1699	101	116	-0.18	-0.04	-15	0	90	2.88	83	-4	-4	0	46
700	37310027*	1697	928	-91	0.07	0.00	4	-3	98	2.94	98	-5	-1	-11	92
701	31106140*	1697	1038	-56	-0.07	-0.03	-9	-6	99	3.00	98	-2	-4	5	94
702	31105146*	1697	834	310	-0.20	-0.16	-10	-7	98	3.06	98	-1	-4	8	88
703	31107117*	1696	390	120	0.00	-0.05	5	-1	97	3.03	96	-4	-7	-1	76
704	31107115*	1696	139	124	0.02	-0.09	7	-6	94	3.18	90	0	-3	-2	82
705	11109576*	1695	354	-207	0.00	0.00	-8	-7	97	3.01	95	0	2	-7	94
706	37311007*	1695	625	-20	-0.13	0.04	-14	4	98	3.04	97	1	5	-20	91
707	11115623*	1694	35	389	-0.41	-0.12	-28	0	76	2.95	63	5	-1	-4	55
708	13210144*	1693	745	-186	-0.08	0.03	-16	-3	98	3.03	97	-1	1	-3	95
709	31108515*	1692	333	249	0.02	-0.05	11	3	97	3.00	95	-8	-8	-5	78
710	14114061*	1691	81	-851	0.36	0.04	5	-25	89	2.90	78	1	-1	3	55
711	11108549*	1690	1351	-152	-0.05	-0.09	-11	-15	99	3.10	98	1	-2	12	94
712	31104705*	1690	42	-143	0.01	0.00	-4	-4	85	2.98	77	-5	-3	-1	51
713	11108565*	1689	315	42	-0.13	-0.08	-12	-7	96	3.06	94	-1	-4	8	79
714	11109813*	1689	136	-42	-0.01	-0.01	-3	-2	94	3.01	89	-8	-4	2	82
715	37312030*	1689	39	452	-0.15	-0.15	1	-1	83	2.98	73	-5	-5	-4	57
716	11111605*	1688	195	-499	0.07	0.00	-12	-17	95	3.01	91	3	2	2	77
717	13203034*	1688	235	-245	-0.05	0.03	-14	-5	95	3.01	92	-2	0	-1	72
718	31112649*	1688	58	-3	-0.44	-0.07	-45	-7	86	2.91	76	3	4	5	58
719	11110572*	1685	352	345	-0.09	-0.15	3	-5	97	2.97	94	-5	-5	-2	86

（续）

序号	牛号	CPI1	生产性状							健康性状		体型性状			
			女儿数（头）	产奶量（kg）	乳脂率（%）	乳蛋白率（%）	乳脂量（kg）	乳蛋白量（kg）	r^2（%）	体细胞评分	r^2（%）	体型总分	泌乳系统评分	肢蹄评分	r^2（%）
720	31110550˙	1685	126	-345	-0.02	-0.05	-15	-18	92	2.99	85	3	3	2	48
721	37313024˙	1684	794	-214	-0.06	-0.03	-14	-10	98	3.05	97	1	-5	11	96
722	13203679˙	1682	1155	-66	0.12	0.04	10	2	99	2.97	98	-7	-12	0	90
723	31112631˙	1682	35	-648	0.19	-0.01	-5	-23	83	3.00	74	2	4	0	52
724	37311017˙	1680	66	131	-0.26	-0.10	-22	-7	88	2.87	79	-2	2	-4	69
725	11108793˙	1679	682	-72	0.08	-0.03	5	-5	98	3.07	97	-4	-4	-3	80
726	11109708˙	1675	768	-487	0.09	0.06	-9	-10	98	3.05	98	2	1	-5	94
727	37311026˙	1673	66	-279	0.18	0.04	8	-5	86	2.98	75	-6	-6	-4	62
728	37316012˙	1670	7	60	0.00	-0.13	2	-12	54	2.99	44	-2	-3	-2	50
729	31104433˙	1666	120	-631	0.26	0.00	3	-22	93	2.81	88	-3	0	-4	70
730	31104442˙	1664	91	-211	-0.08	-0.09	-17	-17	91	3.04	86	2	8	-7	46
731	31111256˙	1662	49	-571	-0.02	0.13	-23	-6	86	2.94	76	0	-4	4	52
732	31114688˙	1660	36	-289	0.04	-0.20	-7	-32	81	3.04	68	4	8	0	46
733	37314006˙	1659	38	-172	0.01	-0.13	-6	-21	80	2.98	65	1	3	-3	57
734	31113663˙	1658	235	-274	0.17	0.04	7	-5	95	3.02	90	-5	-6	-5	65
735	31104702˙	1658	224	-506	-0.15	0.05	-34	-11	96	2.98	93	1	-1	11	75
736	31113213˙	1656	56	-300	-0.23	-0.05	-34	-15	84	3.08	72	4	4	7	51
737	31104187˙	1654	285	211	-0.19	-0.12	-13	-6	96	3.02	94	-2	-2	-2	54
738	37308029˙	1646	75	259	-0.03	-0.01	6	7	88	3.06	80	-10	-8	-9	50
739	13205117˙	1643	54	-598	0.01	-0.01	-21	-22	86	3.03	77	5	3	3	49
740	12114327	1642	144	-140	-0.18	-0.07	-24	-13	93	3.03	85	2	2	0	57
741	11114608˙	1638	37	171	0.00	-0.20	6	-16	80	3.02	65	-3	-2	-5	64
742	11108813˙	1636	775	1	-0.11	-0.03	-12	-3	98	2.97	97	-4	-4	-5	94
743	12104220˙	1635	142	197	-0.19	-0.06	-12	0	94	2.96	90	-5	-5	-6	46
744	11104701˙	1633	1290	-407	0.10	0.07	-5	-6	99	3.02	99	-5	-5	-2	94
745	37313004˙	1633	42	565	-0.11	-0.57	-40	7	82	3.08	69	-2	-4	4	43
	53113330														

（续）

序号	牛号	CPI1	生产性状							健康性状		体型性状			
			女儿数（头）	产奶量（kg）	乳脂率（%）	乳蛋白率（%）	乳脂量（kg）	乳蛋白量（kg）	r^2（%）	体细胞评分	r^2（%）	体型总分	泌乳系统评分	肢蹄评分	r^2（%）
746	37316009	1630	22	-143	-0.08	-0.14	-13	-20	68	3.05	54	2	1	1	66
747	31112242*	1630	47	-54	-0.10	-0.12	-12	-15	83	2.97	73	-2	1	-4	55
748	12104199*	1630	85	-253	-0.04	-0.01	-14	-9	89	3.03	80	-2	0	-5	40
749	11114609*	1629	91	-193	-0.08	-0.01	-16	-8	89	2.95	79	-1	-4	-2	65
750	12196031*	1628	549	-557	0.12	0.03	-8	-16	97	3.13	96	2	-1	0	42
751	11109749*	1626	435	-16	0.00	-0.03	0	-4	98	3.00	96	-7	-8	-2	94
752	31104704*	1625	99	-760	0.04	0.01	-25	-25	93	2.90	88	0	4	4	68
753	11104114*	1624	2522	-6	-0.05	-0.04	-5	-4	99	2.99	99	-5	-6	-5	97
754	13203763*	1622	652	-242	-0.03	0.03	-12	-5	98	3.03	97	-2	-9	4	72
755	11109669*	1621	513	86	-0.11	-0.07	-9	-5	98	3.03	96	-4	-5	-3	93
756	31104493*	1621	3168	-346	-0.07	0.04	-20	-7	99	3.01	99	-4	-6	7	93
757	37313001* 53113329	1621	30	-782	0.00	-0.05	-34	-27	79	2.88	66	3	6	4	50
758	11104725*	1620	227	-271	0.23	0.07	14	-1	96	3.01	92	-10	-10	-8	87
759	37312031*	1618	49	83	-0.26	-0.06	-24	-3	86	3.05	77	-4	-4	3	60
760	37313026*	1618	25	-66	-0.08	-0.09	-10	-13	75	3.04	64	-2	-1	-3	50
761	11111608*	1617	358	-374	-0.03	0.01	-16	-11	97	2.99	94	-3	-3	1	91
762	31108299*	1615	586	-422	0.09	0.09	-6	-5	98	2.97	97	-6	-4	-8	85
763	37314052*	1613	590	-315	0.00	-0.07	-11	-18	98	3.00	96	-2	-3	4	96
764	11100829*	1612	839	-41	-0.01	-0.04	-2	-6	98	2.96	98	-5	-7	-6	89
765	12108238*	1610	168	-636	0.16	-0.08	-7	-30	95	2.99	92	3	4	-4	71
766	31104186*	1603	84	110	-0.11	0.05	-6	10	90	2.95	85	-9	-14	-6	59
767	31114690*	1602	20	-238	0.17	-0.10	8	-19	75	3.10	62	-4	-4	-1	50
768	12103162*	1599	299	-669	0.03	0.05	-22	-17	96	3.01	93	1	-4	7	61
769	13203026*	1597	1434	-750	0.04	0.00	-24	-26	99	3.11	98	6	3	4	82
770	31111596*	1594	89	179	-0.22	-0.05	-16	0	90	3.02	82	-8	-7	-1	51
771	11109703*	1584	1640	-224	0.11	-0.02	2	-10	99	3.00	98	-5	-2	-16	93
772	11111601*	1578	303	-499	0.01	-0.03	-18	-21	96	2.99	94	1	-2	1	90

序号	牛号	CPI1	生产性状							健康性状		体型性状			
			女儿数（头）	产奶量（kg）	乳脂率（%）	乳蛋白率（%）	乳脂量（kg）	乳蛋白量（kg）	r^2（%）	体细胞评分	r^2（%）	体型总分	泌乳系统评分	肢蹄评分	r^2（%）
773	11113578*	1575	83	-392	-0.07	0.01	-21	-12	88	3.08	79	-1	0	-5	62
774	13204634*	1574	289	-386	0.18	0.07	4	-5	96	2.99	92	-10	-12	-2	76
775	11106003*	1570	1270	-187	-0.01	0.03	-7	-3	99	3.08	98	-5	-7	-8	91
776	12107229*	1570	88	-210	-0.08	-0.10	-16	-19	91	3.05	86	-2	-1	0	40
777	13203036*	1569	195	-90	-0.13	-0.05	-16	-9	95	3.05	90	-4	-6	0	64
778	12102142*	1565	152	-252	-0.16	-0.11	-26	-20	95	2.97	91	-1	-3	6	50
779	31115407*	1563	91	-400	-0.23	0.01	-38	-12	89	3.10	79	0	1	2	60
780	11104070*	1560	2272	-129	-0.13	-0.02	-18	-7	99	3.07	99	-4	-8	2	97
781	12100125*	1560	348	-529	0.11	-0.02	-9	-20	97	2.98	96	-2	-2	-6	83
782	11196529*	1558	3162	-642	-0.01	-0.01	-25	-23	99	2.96	99	-2	1	1	94
783	12104190*	1555	281	-144	-0.13	0.00	-19	-5	96	3.00	94	-5	-8	-2	78
784	11104903*	1554	1077	-644	-0.01	0.03	-25	-18	99	3.02	98	0	-1	-1	97
785	31107114*	1550	121	-78	0.02	0.03	-1	0	93	3.08	87	-11	-11	-5	59
786	11114615*	1545	59	-301	-0.12	-0.12	-23	-23	86	2.94	75	-1	1	-4	58
787	31104455*	1545	43	-198	-0.14	-0.07	-21	-15	83	2.99	73	-1	-4	-3	49
788	11105013*	1532	662	-194	-0.05	-0.02	-12	-8	98	3.00	97	-7	-5	-10	91
789	11109547*	1532	315	-404	-0.08	-0.03	-23	-17	96	3.02	94	-1	-2	-4	89
790	41111843*	1532	31	-1123	0.15	0.18	-27	-20	73	3.26	59	0	6	-4	63
791	31106119*	1525	125	-617	-0.04	-0.05	-27	-27	93	3.02	88	0	2	0	45
792	31112632*	1522	78	-257	-0.06	-0.08	-15	-18	88	2.96	80	-5	-2	-8	57
793	31111605*	1522	123	-100	0.11	-0.02	8	-5	91	2.91	83	-15	-13	-9	65
794	31104173*	1522	113	484	-0.42	-0.19	-26	-5	93	2.87	88	-6	-9	-5	71
795	11108800*	1521	268	-165	-0.06	-0.08	-12	-14	96	3.07	93	-6	-10	5	76
796	13204104*	1519	19	-555	-0.02	-0.01	-23	-20	72	3.06	61	-2	-1	-2	41
797	12101059*	1519	647	-386	-0.03	-0.03	-18	-16	98	3.06	97	-4	-3	-4	83
798	31104459*	1518	139	-200	-0.38	-0.11	-46	-19	94	2.89	90	-1	4	-5	66
799	31105713*	1516	227	-1101	0.08	0.07	-34	-31	96	2.91	94	-2	6	-2	83
800	12103165*	1512	176	-639	-0.01	0.00	-25	-21	94	2.98	90	-2	-5	3	46

（续）

序号	牛号	CPI1	生产性状							健康性状		体型性状			
			女儿数（头）	产奶量（kg）	乳脂率（%）	乳蛋白率（%）	乳脂量（kg）	乳蛋白量（kg）	r^2（%）	体细胞评分	r^2（%）	体型总分	泌乳系统评分	肢蹄评分	r^2（%）
801	11108587*	1508	356	-1152	0.05	-0.07	-38	-47	97	3.06	96	7	6	13	91
802	11111505*	1507	1068	-691	0.18	0.01	-8	-22	98	3.03	97	-6	-3	-5	96
803	11102390*	1505	856	-646	0.10	0.04	-14	-17	98	3.00	98	-8	-3	-6	92
804	13203023*	1496	189	-1022	0.02	0.01	-36	-33	94	3.02	90	5	0	6	55
805	11109564*	1495	289	-608	-0.07	-0.06	-29	-27	97	3.05	95	0	3	-4	92
806	53214195	1495	131	-807	0.02	0.11	-28	-15	91	3.00	83	-4	-4	-3	88
	37314061														
807	37314061*	1495	131	-807	0.02	0.11	-28	-15	91	3.00	83	-4	-4	-3	88
808	31104494*	1493	57	-427	-0.09	0.05	-25	-10	87	3.20	78	-4	-5	-1	49
809	12196015*	1492	359	-668	0.03	0.01	-22	-22	97	3.10	95	0	-4	0	60
810	31109540*	1488	927	-782	-0.08	0.00	-37	-27	98	2.98	98	2	2	-3	93
811	11108656*	1485	360	-284	-0.20	-0.10	-31	-20	97	3.01	96	-4	-8	10	93
812	13203055*	1474	112	64	-0.05	-0.03	-3	-1	91	3.00	84	-10	-16	-10	71
813	11100260*	1473	2722	-470	-0.14	-0.10	-31	-27	99	3.03	99	-2	-1	2	97
814	13204523*	1472	157	-664	0.04	0.15	-21	-7	93	3.09	87	-6	-8	-7	69
815	31106133*	1462	65	-1009	0.03	0.06	-34	-28	88	3.08	80	-1	2	-1	51
816	37315008*	1461	258	-492	-0.14	0.01	-32	-16	95	2.95	90	-6	-5	-3	84
817	11108541*	1460	521	-314	-0.13	-0.11	-25	-22	98	3.07	97	-3	-7	4	94
818	15516003*	1460	18	-1324	0.03	0.08	-46	-37	65	2.99	44	3	1	10	44
819	11111508*	1458	163	-777	-0.08	0.04	-36	-22	92	2.90	85	-6	-3	0	54
820	11104940*	1457	684	228	-0.26	-0.16	-18	-11	98	3.13	97	-7	-10	-1	89
821	11102716*	1455	929	-254	0.10	-0.05	0	-14	98	3.04	98	-11	-14	-2	80
822	11115652*	1445	47	-594	-0.01	-0.09	-23	-30	81	2.94	68	-2	-2	-6	68
823	11117662	1443	71	-1527	0.23	-0.07	-35	-59	88	2.73	74	2	7	4	81
824	13204852*	1441	269	-228	-0.07	0.02	-16	-5	96	2.99	93	-11	-12	-9	72
825	11104676*	1438	464	-299	-0.21	0.01	-33	-9	97	2.93	96	-10	-9	-3	78
826	11108649*	1438	71	-784	-0.19	-0.01	-48	-28	89	3.09	82	1	4	-1	68
827	11106004*	1433	62	286	-0.19	-0.07	-10	2	87	2.97	77	-14	-23	0	52

（续）

序号	牛号	CPI1	生产性状							健康性状		体型性状			
			女儿数（头）	产奶量（kg）	乳脂率（%）	乳蛋白率（%）	乳脂量（kg）	乳蛋白量（kg）	r^2（%）	体细胞评分	r^2（%）	体型总分	泌乳系统评分	肢蹄评分	r^2（%）
828	31104460*	1431	365	281	-0.09	-0.16	1	-8	97	2.99	94	-14	-15	-10	67
829	11108764*	1429	388	276	-0.06	-0.09	4	-1	97	3.07	96	-15	-17	-12	91
830	37315038*	1421	44	-969	0.02	0.01	-33	-32	80	3.09	63	0	-4	6	65
831	37312009*	1407	422	-983	0.04	-0.02	-34	-36	97	2.79	95	0	0	-10	96
832	31108298*	1405	84	-830	-0.04	-0.03	-35	-31	90	3.12	82	2	-4	3	69
833	13203040*	1403	1381	-694	0.10	-0.05	-16	-29	98	3.42	98	-2	-1	-1	67
834	37314055*	1389	105	-1067	-0.06	0.06	-46	-30	90	3.00	81	0	1	-5	67
835	31104707*	1386	80	232	-0.40	-0.09	-34	-2	91	3.07	84	-10	-11	-9	61
836	31114204*	1383	19	-1275	0.13	0.03	-34	-40	66	2.99	52	-1	3	-6	53
837	12103193*	1382	98	-965	0.04	0.01	-32	-31	89	3.09	80	-2	-1	-5	41
838	11116679	1379	98	-735	-0.09	-0.12	-36	-38	86	2.81	76	-3	-3	-2	73
839	12103156*	1366	111	-735	0.01	-0.02	-27	-27	91	3.12	85	-5	-6	-2	41
840	11104738*	1357	207	-377	0.00	0.03	-14	-10	96	2.96	93	-12	-15	-13	77
841	12195117*	1345	398	-1028	0.22	-0.06	-16	-41	97	3.02	95	-4	-5	-4	81
842	12111273*	1344	154	-504	0.04	0.00	-14	-18	93	3.01	87	-10	-12	-12	65
843	31104450*	1338	48	-848	-0.04	-0.13	-36	-42	86	3.05	78	-1	-4	5	58
844	37314042*	1333	77	-997	-0.12	0.05	-48	-29	85	3.13	75	-4	-5	6	69
845	11103828*	1321	166	-800	-0.05	0.00	-35	-27	94	2.95	90	-7	-8	-5	65
846	13204082*	1295	12	-267	0.08	0.05	-2	-3	51	3.00	39	-21	-22	-15	60
847	13202409*	1288	103	-113	0.08	0.10	4	7	92	2.98	87	-26	-25	-21	64
848	15516001*	1283	21	-976	0.04	-0.09	-32	-43	68	2.95	51	-5	-8	2	48
849	11108572*	1278	310	-504	-0.42	-0.11	-60	-29	97	3.09	95	-1	-3	-3	91
850	31104495*	1239	82	-1902	0.24	0.13	-48	-52	91	3.12	84	1	2	-2	48
851	11104710*	1237	1426	-1031	0.08	0.02	-30	-33	99	3.02	99	-9	-11	-5	96
852	11199995*	1222	818	-1278	-0.01	-0.02	-48	-45	98	3.05	98	-1	-3	-4	93
853	37314035*	1219	28	-1039	-0.08	-0.09	-47	-45	75	3.03	60	-2	-7	2	58
854	31104496*	1201	45	-1475	-0.13	0.08	-67	-42	87	3.19	79	1	1	-2	48
855	11118661	1198	39	-1149	-0.07	-0.17	-50	-57	74	2.83	58	7	-5	-7	41

（续）

序号	牛号	CPI1	生产性状							健康性状		体型性状			
			女儿数（头）	产奶量（kg）	乳脂率（%）	乳蛋白率（%）	乳脂量（kg）	乳蛋白量（kg）	r^2（%）	体细胞评分	r^2（%）	体型总分	泌乳系统评分	肢蹄评分	r^2（%）
856	31108297*	1191	71	-1135	-0.25	0.03	-67	-36	90	3.16	83	-1	-3	-2	74
857	31107110*	1188	91	-1320	-0.01	0.01	-50	-44	91	2.99	85	-4	-9	2	66
858	11105687*	1181	139	-1331	-0.04	-0.04	-53	-49	94	3.07	90	-4	-2	-1	76
859	11104943*	1086	397	-1364	0.07	0.02	-43	-44	97	3.09	95	-9	-11	-6	89
860	31104434*	1079	46	-835	-0.09	-0.09	-41	-38	85	3.07	77	-15	-9	-13	58

＊表示该牛已经不在群，但是有库存冻精。

（续）

2.4　引进验证公牛估计育种值

表 2-4-1 按照 CPI3 排名，CPI3 相同的种公牛按照牛号排序。

表 2-4-1　引进验证公牛各性状估计育种值及综合指数 CPI 3 值

序号	牛号	CPI3	女儿数（头）	产奶量（kg）	乳脂率（%）	乳蛋白率（%）	乳脂量（kg）	乳蛋白量（kg）	体细胞评分	体型总分	泌乳系统评分	肢蹄评分	r^2（%）
1	37109990*	1965	84	296	0.17	0.18	31	31	3.27	-9	-10	-6	87
2	12108318*	1905	41	-143	0.49	0.23	47	20	2.91	-14	-12	-9	51
3	12108317*	1810	59	-620	0.56	0.25	34	6	2.97	-10	-9	-5	49
4	12106314*	1770	67	-402	0.13	0.09	-2	-4	2.88	0	-1	2	58
5	12107316*	1757	58	-820	0.58	0.28	27	2	3.09	-8	-7	-7	53
6	65107022*	1702	95	-308	0.45	0.17	35	8	3.42	-14	-13	-8	54
7	13205139*	1696	83	133	0.06	0.15	12	23	3.39	-15	-12	-13	87
8	65107021*	1593	60	-548	0.25	-0.08	4	-26	3.00	-2	-1	2	56
9	13202568*	1555	84	169	0.10	-0.11	17	-6	3.18	-12	-11	-9	55
10	13205140*	1508	68	-795	0.24	0.19	-6	-5	3.00	-10	-8	-11	85
11	12107315*	1474	83	-467	-0.05	0.10	-24	-5	2.94	-9	-11	0	53
12	37108980*	1472	42	-484	-0.07	0.09	-27	-6	3.03	-9	-4	-8	52
13	13204269*	1464	43	-698	-0.05	0.16	-33	-6	3.21	-6	-2	-9	55
14	65106014*	1461	95	-360	-0.05	0.18	-20	7	3.06	-14	-12	-12	53
15	13205197*	1458	78	-776	0.10	0.23	-20	-2	3.18	-11	-11	-4	55
16	11102409*	1394	69	-653	-0.05	0.14	-31	-7	3.09	-11	-7	-8	52
17	13206141*	1367	115	173	-0.33	-0.21	-29	-17	3.18	-7	-9	0	56
18	13205562*	1356	408	-1166	0.22	0.20	-24	-18	3.12	-9	-6	-8	52
19	13205604*	1345	65	-397	-0.13	-0.04	-32	-18	2.85	-9	-7	-6	87
20	13203090*	1298	101	344	-0.55	-0.18	-46	-8	3.27	-9	-9	-7	58
21	13206142*	1294	65	-818	0.12	0.04	-19	-22	2.91	-11	-10	-10	87
22	13204137*	1248	65	-738	0.04	0.14	-25	-10	2.94	-18	-18	-7	54
23	13205587*	1012	48	-1635	0.12	0.19	-53	-36	3.21	-11	-11	-6	87
24	13204138*	971	79	-955	-0.24	0.04	-62	-27	3.06	-16	-12	-13	52

＊表示该牛已经不在群，但是有库存冻精。

2.5 青年公牛基因组估计育种值

表2-5-1 按照GCPI排名，GCPI相同的种公牛按照牛号排序。

表2-5-1 青年公牛各性状基因组估计育种值及综合指数GCPI值

序号	牛号	GCPI	产奶量		乳脂率		乳蛋白率		乳脂量		乳蛋白量		体细胞评分		体型总分		泌乳系统评分		肢蹄评分	
			GEBV (kg)	r^2(%)	GEBV (%)	r^2(%)	GEBV (%)	r^2(%)	GEBV (kg)	r^2(%)	GEBV (kg)	r^2(%)	GEBV	r^2(%)	GEBV	r^2(%)	GEBV	r^2(%)	GEBV	r^2(%)
1	11116695*	2836.17	1095.82	79	0.63	80	0.22	83	78.70	78	48.36	78	1.88	74	8.98	77	8.73	76	4.29	81
2	15516013*	2669.16	1672.28	75	0.02	76	0.07	79	52.16	74	51.21	74	2.39	70	7.24	72	4.19	72	9.96	77
3	11118631	2652.09	1235.13	71	0.14	72	0.01	75	56.84	70	40.70	70	2.10	66	9.85	68	8.24	67	3.94	73
4	13316100	2651.81	2030.35	77	0.29	78	-0.05	81	77.28	76	47.49	76	2.12	73	3.20	75	0.12	74	1.79	79
5	11116696*	2648.55	1774.97	75	0.30	76	0.10	78	69.05	73	54.32	73	2.28	69	1.47	71	-0.54	70	3.31	76
6	15517048*	2626.20	1061.92	75	0.36	76	0.07	79	62.49	74	34.91	74	1.38	70	6.49	72	3.26	71	5.59	77
7	15516048*	2619.27	1260.34	76	0.13	77	0.09	80	50.95	75	43.34	75	2.02	71	7.50	73	6.37	72	4.16	78
8	37316037*	2616.75	1875.08	74	0.08	75	-0.03	78	61.34	73	45.93	73	2.38	69	5.78	71	3.51	70	4.63	76
9	65116316*	2613.53	1487.94	76	0.00	77	-0.02	80	43.40	75	37.27	75	1.89	72	10.37	73	9.03	73	7.02	78
10	13119142	2605.14	774.93	71	0.51	73	0.23	76	64.77	70	42.41	70	1.73	66	2.35	68	2.98	67	0.48	73
11	61218104	2604.41	1080.87	73	0.28	74	0.09	77	55.23	71	36.99	71	1.76	67	6.11	69	7.49	69	2.85	75
12	15519009	2603.06	1644.68	75	0.17	76	-0.03	78	61.37	74	40.85	73	1.40	70	1.84	72	1.44	71	3.18	76
13	14119341	2600.23	957.95	72	0.46	73	0.13	76	63.77	70	37.54	70	1.37	67	2.47	68	4.22	68	-0.53	74
	14119311																			
14	13119176	2599.40	1328.65	72	0.40	73	0.05	76	72.26	71	41.63	71	1.90	67	1.29	69	1.40	69	1.30	74
15	21215010*	2598.42	2203.80	70	-0.29	72	0.07	75	39.08	69	60.05	69	2.27	64	3.77	67	3.74	66	-0.45	73

（续）

序号	牛号	GCPI	产奶量 GEBV(kg)	r²(%)	乳脂率 GEBV(%)	r²(%)	乳蛋白率 GEBV(%)	r²(%)	乳脂量 GEBV(kg)	r²(%)	乳蛋白量 GEBV(kg)	r²(%)	体细胞评分 GEBV	r²(%)	体型总分 GEBV	r²(%)	泌乳系统评分 GEBV	r²(%)	肢蹄评分 GEBV	r²(%)
16	31116432*	2594.96	1208.45	69	0.36	71	0.11	73	61.98	68	44.04	67	1.65	63	2.36	65	2.32	64	-1.20	71
17	41118845	2592.21	2690.33	74	-0.47	76	-0.11	78	41.46	73	57.04	73	2.19	69	1.93	71	1.48	70	5.39	76
18	31118136	2591.70	1683.87	79	0.01	80	0.08	82	49.33	78	53.78	78	2.27	75	4.37	77	3.42	76	-0.77	81
19	11120602	2590.31	970.12	72	0.39	73	0.16	76	63.38	70	42.69	70	2.40	67	5.41	68	3.26	68	4.33	74
20	21217039	2588.59	1495.49	72	0.13	74	0.16	76	54.58	71	53.82	71	1.79	67	0.94	69	-0.33	68	-1.59	74
21	31116440	2575.57	2001.02	74	0.01	75	-0.13	78	59.13	72	43.96	72	1.68	68	1.31	70	1.39	69	0.98	76
22	13119108	2572.05	1125.45	73	0.28	74	0.08	77	59.78	71	39.40	71	1.86	68	3.73	70	3.05	69	2.90	75
23	15516057*	2571.21	1159.81	79	0.31	80	0.01	82	61.74	78	33.66	77	1.91	74	6.24	76	5.90	76	2.00	81
24	21216009*	2568.24	1082.74	71	0.26	73	0.19	76	49.04	70	44.21	69	2.08	65	5.96	68	4.76	67	1.52	74
25	11118606	2566.96	509.31	75	0.56	76	0.11	79	60.70	74	27.07	73	2.08	70	9.03	72	5.98	71	9.90	77
26	11116623*	2559.63	1511.67	72	0.21	73	0.00	76	61.01	70	40.31	70	2.23	66	4.55	68	3.48	67	2.41	74
27	13316091	2559.33	1868.10	72	-0.13	74	-0.04	77	43.26	71	44.95	71	2.35	67	8.75	69	6.21	68	1.64	75
28	15516040*	2558.27	1740.59	76	0.19	77	-0.07	80	67.50	75	38.66	74	1.91	71	1.26	73	1.52	72	2.03	78
29	11120612	2555.12	1358.75	71	0.17	72	0.07	75	54.69	70	43.18	70	1.77	66	1.59	68	2.46	67	1.03	73
30	15520005	2553.42	1611.40	70	0.26	72	0.10	75	60.69	69	49.11	69	2.34	65	2.11	67	0.62	66	-0.71	73
31	13316102	2552.32	1730.66	72	-0.03	73	0.02	76	48.75	70	50.64	70	2.35	66	3.52	68	1.79	67	2.27	74
32	15516076*	2546.26	1593.32	74	0.22	74	0.08	78	58.51	73	46.67	73	2.55	69	2.83	71	1.85	71	2.79	76
33	15519023	2544.07	1516.43	72	0.15	74	0.08	76	56.70	71	48.15	71	1.90	68	-0.37	69	1.54	69	-3.29	74
34	14119345	2544.00	1382.70	75	0.07	76	-0.05	78	52.38	73	37.13	73	1.86	70	5.22	72	4.21	71	3.17	76
	14119325																			

（续）

序号	牛号	GCPI	产奶量 GEBV (kg)	r²(%)	乳脂率 GEBV (%)	r²(%)	乳蛋白率 GEBV (%)	r²(%)	乳脂量 GEBV (kg)	r²(%)	乳蛋白量 GEBV (kg)	r²(%)	体细胞评分 GEBV	r²(%)	体型总分 GEBV	r²(%)	泌乳系统评分 GEBV	r²(%)	肢蹄评分 GEBV	r²(%)
35	15517034	2537.73	1430.35	74	0.09	75	0.02	78	47.93	72	41.30	72	2.36	69	6.98	71	6.62	70	0.83	76
36	31116437*	2536.74	1260.73	76	0.27	78	-0.01	80	58.83	75	37.66	75	1.76	71	4.43	73	3.22	73	-2.01	78
37	21216006*	2533.31	1184.29	75	0.15	76	0.03	79	44.70	73	35.27	73	2.44	69	9.92	72	8.13	71	5.72	77
38	14119339	2532.90	1229.06	72	0.17	74	0.12	76	50.90	71	42.43	71	2.06	68	3.31	69	4.69	69	-0.49	74
	14119309																			
39	11120606	2531.07	681.01	73	0.24	74	0.15	77	47.05	72	35.68	72	1.90	68	5.81	70	5.80	69	3.96	75
40	11116697	2525.85	1367.57	75	0.17	77	0.05	79	49.19	74	40.04	74	2.41	70	5.23	72	4.89	71	5.15	77
41	12117393	2522.66	1010.95	78	0.58	79	-0.02	82	72.68	77	26.64	77	1.94	74	2.88	76	4.38	75	2.04	80
42	37317009*	2520.17	1426.32	77	-0.02	78	0.05	80	40.39	75	42.24	75	2.15	72	6.35	74	4.48	73	3.81	78
43	11120526	2518.76	1317.57	71	0.30	72	0.17	75	57.38	69	44.99	69	1.99	65	1.08	67	1.23	67	-3.33	73
44	11119516	2510.99	1076.71	71	0.05	73	0.09	75	39.23	70	39.33	70	1.74	66	4.06	68	6.07	67	0.85	73
45	37317007	2510.81	1272.58	80	0.15	81	0.06	83	53.39	79	40.33	78	2.46	76	3.89	77	4.44	77	2.28	81
46	41118865	2508.45	1500.97	73	0.09	74	-0.04	77	51.94	72	35.56	71	2.35	67	6.71	70	5.36	69	3.11	75
47	41118861	2507.47	1039.10	74	0.29	75	-0.03	78	51.94	73	25.35	72	2.05	69	8.87	71	7.63	70	5.92	76
48	61218106	2505.84	286.70	72	0.54	73	0.25	76	50.78	70	30.76	70	1.31	66	3.28	68	3.74	67	1.89	74
49	37316033*	2503.32	1503.36	75	0.24	76	0.03	79	55.61	74	41.65	74	2.03	70	0.62	72	0.61	71	2.01	77
50	37316030*	2502.79	1480.82	77	0.05	78	0.01	80	43.12	75	41.09	75	2.01	71	4.25	73	1.68	73	5.72	79
51	11120613	2502.19	611.09	73	0.47	74	0.25	76	53.37	72	39.49	71	2.26	68	3.79	70	3.26	69	1.44	75
52	21217012*	2501.97	1718.00	74	0.06	76	0.02	78	50.13	73	46.45	73	2.15	69	1.14	71	-1.43	70	4.16	76
53	11115612*	2499.53	1097.43	77	0.27	78	0.06	81	48.00	75	33.60	75	2.05	71	6.18	73	6.42	72	1.65	79

（续）

序号	牛号	GCPI	产奶量 GEBV (kg)	r²(%)	乳脂率 GEBV (%)	r²(%)	乳蛋白率 GEBV (%)	r²(%)	乳脂量 GEBV (kg)	r²(%)	乳蛋白量 GEBV (kg)	r²(%)	体细胞评分 GEBV	r²(%)	体型总分 GEBV	r²(%)	泌乳系统评分 GEBV	r²(%)	肢蹄评分 GEBV	r²(%)
54	41119836	2491.90	885.90	71	0.37	72	0.20	75	52.52	70	43.09	69	2.22	66	2.73	68	2.64	67	-2.57	73
55	12118401	2490.97	1015.98	78	0.26	79	0.07	81	53.47	77	33.96	77	2.10	74	3.88	76	4.93	75	1.50	80
56	37318051	2489.80	1037.28	74	0.30	76	0.13	78	59.96	73	40.23	73	1.91	70	-0.08	72	0.76	71	-2.61	76
57	65516318*	2484.29	1678.70	74	-0.12	76	-0.06	78	35.84	73	39.10	73	1.86	69	4.88	71	4.01	70	3.83	76
58	37316040	2483.73	2049.75	74	-0.16	75	-0.09	78	49.12	73	46.11	72	2.40	69	1.34	71	0.74	70	1.83	76
59	15516043*	2482.98	1348.17	76	0.13	77	-0.05	80	54.18	74	32.32	74	2.02	71	4.34	73	3.60	72	2.71	78
60	11116621*	2482.45	1299.54	73	0.16	74	-0.08	77	55.28	71	30.33	71	2.08	67	5.36	69	2.72	68	5.66	75
61	1552007	2481.82	473.27	73	0.47	74	0.14	76	58.35	71	29.96	71	2.11	68	5.45	70	5.66	69	-0.88	75
62	31118104	2480.44	918.18	73	0.29	75	0.08	77	53.23	72	33.19	72	1.50	68	0.19	70	2.64	69	0.57	75
63	11120603	2480.20	748.73	72	0.34	74	0.04	76	52.54	71	29.11	71	1.58	67	4.83	69	2.70	69	2.60	74
64	31118119	2477.65	959.24	72	0.12	73	0.08	76	42.84	71	35.14	71	1.60	67	4.28	69	3.48	68	0.80	74
65	11119678	2476.64	1378.63	74	0.30	75	-0.01	77	55.18	72	34.22	72	2.12	69	2.87	71	2.22	70	3.77	75
66	21217011	2470.19	1510.64	74	0.03	76	-0.01	78	44.05	73	39.85	73	1.95	69	2.92	71	0.26	70	4.47	76
67	31115186*	2469.47	1334.29	76	-0.15	77	0.00	80	29.11	75	38.76	74	1.61	71	4.45	72	4.51	71	2.80	77
68	15519004	2469.23	1417.25	74	0.13	75	0.02	77	50.07	72	41.52	72	2.21	69	1.11	71	1.34	70	1.36	76
69	11120622	2468.63	740.58	70	0.54	71	0.26	74	60.18	68	44.14	68	2.02	64	-2.36	66	-1.68	66	-3.06	72
70	11120639	2466.75	317.79	69	0.51	70	0.17	73	55.50	68	29.72	67	1.78	63	3.53	66	3.82	65	-0.30	71
71	13316090	2463.44	1830.08	73	-0.03	74	-0.02	77	51.63	71	45.04	71	2.46	67	-0.18	69	0.35	68	1.26	75
72	12116374*	2462.06	866.94	78	0.14	79	0.00	81	41.70	76	25.41	76	1.70	73	8.20	75	6.55	74	3.86	80
73	11117609*	2461.54	1037.50	75	0.09	77	0.02	79	40.93	74	33.09	74	2.67	70	9.58	72	7.44	71	4.66	77

（续）

序号	牛号	GCPI	产奶量 GEBV(kg)	r²(%)	乳脂率 GEBV(%)	r²(%)	乳蛋白率 GEBV(%)	r²(%)	乳脂量 GEBV(kg)	r²(%)	乳蛋白量 GEBV(kg)	r²(%)	体细胞评分 GEBV	r²(%)	体型总分 GEBV	r²(%)	泌乳系统评分 GEBV	r²(%)	肢蹄评分 GEBV	r²(%)
74	11116665*	2460.86	1360.23	80	0.11	81	0.00	83	49.67	79	36.62	79	2.41	76	2.97	78	4.55	77	1.99	81
75	11119672	2460.02	851.19	73	0.44	74	0.08	76	60.11	71	29.04	71	2.14	68	2.97	70	5.84	69	-1.81	75
76	41119832	2456.28	574.37	71	0.40	73	0.23	75	45.31	70	37.91	70	1.98	66	3.00	68	1.96	67	1.25	74
77	11116688*	2455.24	916.87	77	0.24	78	0.11	80	48.55	75	35.88	75	2.31	72	4.15	74	3.20	73	2.54	78
78	15516044*	2455.18	1083.43	79	0.13	80	-0.05	82	47.86	77	26.68	77	2.17	74	7.37	76	5.22	75	6.24	81
79	31118130	2455.13	1631.12	78	-0.12	79	-0.08	81	38.45	77	39.81	77	2.00	74	4.06	76	4.74	75	-2.15	79
80	21215023*	2453.78	1052.53	79	-0.10	80	0.05	82	23.84	77	35.65	77	1.94	74	6.11	76	7.17	75	6.26	81
81	21215025*	2453.27	1050.86	79	-0.10	80	0.05	82	23.82	77	35.62	77	1.94	74	6.10	76	7.15	75	6.26	81
82	37317008	2452.36	1728.85	76	-0.05	77	-0.03	79	44.18	74	42.89	74	2.49	71	4.07	73	2.89	72	-0.69	78
83	13316097	2447.80	2020.39	75	-0.22	76	-0.09	79	40.16	73	44.44	73	2.66	70	2.11	72	2.83	71	3.81	77
84	21217037*	2447.26	548.13	72	0.39	73	0.22	76	44.57	71	36.59	70	2.10	67	3.88	69	2.73	68	1.58	74
85	11120607	2445.21	531.07	72	0.39	73	0.18	76	49.01	70	32.30	70	1.94	67	3.21	69	3.42	68	0.80	74
86	37318045	2445.04	545.24	73	0.23	74	0.07	77	42.56	72	24.94	71	1.58	68	4.92	70	8.43	69	-0.52	75
87	13316089	2444.50	1392.00	74	-0.02	76	0.06	78	40.34	73	42.91	73	2.63	69	3.65	71	4.23	70	0.75	76
88	15520008	2443.92	796.94	74	0.29	75	0.12	77	50.97	74	35.53	73	1.93	70	1.09	71	1.32	71	0.69	76
89	15519026	2442.99	1765.59	75	-0.19	76	0.02	78	38.04	73	51.09	73	2.22	70	-0.15	72	1.87	71	-6.03	76
90	65117323*	2441.87	1144.30	77	0.10	78	0.06	80	44.54	75	36.80	75	2.45	72	5.39	74	4.14	73	1.22	79
91	11120615	2441.54	380.56	71	0.49	72	0.12	74	51.90	70	24.84	69	1.70	66	4.86	68	3.41	67	2.94	73
92	13119162	2441.36	777.88	72	0.41	73	0.09	75	55.09	70	31.73	70	1.74	67	1.73	68	0.99	68	-0.33	73
93	31118106	2441.03	953.89	74	0.29	75	0.10	78	54.64	73	37.58	72	2.05	69	0.87	71	1.05	70	-2.62	76

（续）

序号	牛号	GCPI	产奶量 GEBV (kg)	产奶量 r²(%)	乳脂率 GEBV (%)	乳脂率 r²(%)	乳蛋白率 GEBV (%)	乳蛋白率 r²(%)	乳脂量 GEBV (kg)	乳脂量 r²(%)	乳蛋白量 GEBV (kg)	乳蛋白量 r²(%)	体细胞评分 GEBV	体细胞评分 r²(%)	体型总分 GEBV	体型总分 r²(%)	泌乳系统评分 GEBV	泌乳系统评分 r²(%)	肢蹄评分 GEBV	肢蹄评分 r²(%)
94	14117012*	2440.79	1133.86	75	-0.17	77	-0.04	79	22.18	74	26.82	74	1.37	70	8.73	72	10.53	72	0.62	78
95	15516060*	2439.89	1598.70	76	-0.13	78	-0.02	80	40.53	75	42.16	75	2.26	72	0.94	74	2.14	73	2.23	78
96	31117447*	2438.06	1648.03	75	-0.19	76	0.01	79	32.29	74	45.24	74	2.51	70	3.18	72	2.63	71	4.11	77
97	37318055	2437.74	1327.00	76	0.04	77	0.01	79	46.41	75	39.12	74	2.19	71	1.65	73	-0.38	72	4.31	78
98	11116678*	2437.16	605.81	74	0.50	75	0.10	78	55.75	73	27.16	73	1.91	70	3.04	71	1.89	71	3.79	76
99	13316094	2434.77	1127.49	74	0.07	75	0.01	78	42.03	72	32.93	72	2.03	68	3.31	70	5.18	69	1.46	76
100	21216047*	2434.14	1522.06	75	-0.20	77	-0.03	79	30.29	74	39.66	74	2.16	70	5.81	72	4.49	72	1.41	77
101	15516006*	2433.18	954.12	78	0.04	79	0.08	81	38.98	77	35.66	77	2.33	74	6.25	75	3.37	75	4.08	80
102	37319027	2432.86	1089.32	73	0.07	74	0.08	77	38.60	72	39.78	71	2.35	68	4.91	70	1.90	69	3.19	75
103	11118637	2432.75	990.01	80	0.16	81	0.05	83	42.09	79	35.59	79	1.95	76	3.51	78	3.66	77	-1.00	81
104	11116698*	2432.21	266.48	79	0.46	80	0.10	82	47.03	77	21.46	77	2.13	74	8.18	76	6.62	75	6.19	81
105	61217087	2432.09	866.37	76	0.35	77	0.04	80	55.54	75	30.69	75	2.30	72	4.19	73	0.24	73	5.74	78
106	31115187*	2430.33	1251.39	82	-0.12	83	-0.03	85	28.36	81	32.77	81	1.57	78	4.31	79	5.08	79	3.58	83
107	12117387	2430.25	1391.28	74	0.07	76	0.01	79	51.71	73	39.41	73	2.11	69	0.87	71	-1.85	70	1.29	76
108	11120616	2429.85	503.71	71	0.39	72	0.17	74	48.94	69	32.79	69	1.98	65	1.99	67	2.17	66	1.82	73
109	37319034	2428.15	956.58	73	0.27	75	0.13	78	48.19	72	37.92	72	1.68	68	-0.24	70	0.43	69	-3.29	76
110	61215038*	2427.24	1484.61	74	-0.19	75	-0.10	78	26.25	72	33.17	72	2.12	68	7.80	70	6.39	69	5.68	76
111	14119336	2425.69	1123.66	73	-0.08	74	0.02	77	32.78	72	33.01	72	1.59	68	4.02	70	4.54	70	0.88	75
	14119306																			
112	11115531*	2424.93	964.39	75	0.03	77	-0.01	79	33.99	74	26.14	74	1.62	70	6.86	72	5.63	71	4.39	78

（续）

序号	牛号	GCPI	产奶量 GEBV(kg)	r²(%)	乳脂率 GEBV(%)	r²(%)	乳蛋白率 GEBV(%)	r²(%)	乳脂量 GEBV(kg)	r²(%)	乳蛋白量 GEBV(kg)	r²(%)	体细胞评分 GEBV	r²(%)	体型总分 GEBV	r²(%)	泌乳系统评分 GEBV	r²(%)	肢蹄评分 GEBV	r²(%)
113	12116359*	2424.73	1529.17	76	-0.22	77	-0.07	79	26.69	74	35.74	74	1.87	70	4.88	72	5.78	72	2.36	78
114	13119160	2424.70	1192.45	73	0.11	74	0.16	77	42.45	71	44.47	71	2.45	68	1.39	70	1.86	69	-1.84	75
115	31118110	2424.50	905.38	75	0.23	76	0.04	79	51.51	74	33.56	74	2.07	70	3.11	72	1.92	71	-1.25	77
116	31118100	2424.26	1429.99	78	-0.21	79	-0.05	81	26.95	77	37.66	77	1.93	74	5.16	76	6.65	75	-1.41	79
117	15517042*	2422.98	1738.55	72	0.22	74	-0.16	76	67.46	71	34.14	71	2.26	67	-1.90	69	-4.63	68	5.44	74
118	15517057*	2422.88	636.27	73	0.30	74	0.11	77	42.77	72	28.84	72	1.89	68	5.24	70	3.89	69	2.75	75
119	21216005*	2421.93	1013.13	74	0.10	75	0.02	78	37.75	72	30.12	72	2.14	68	7.40	70	5.95	69	2.09	76
120	37318044	2419.98	708.89	76	0.19	77	0.08	79	45.09	75	29.21	74	1.74	71	2.62	73	5.43	72	-2.00	77
121	13119138	2419.58	662.85	71	0.32	72	0.14	75	49.59	70	33.30	69	1.81	66	0.31	68	0.45	67	1.48	73
122	37319049	2419.01	779.75	76	0.19	77	0.13	79	40.34	75	36.84	74	2.53	72	4.94	73	5.60	73	-0.47	77
123	11116693*	2417.77	1532.52	75	-0.12	77	-0.03	79	36.94	74	37.67	74	2.45	70	4.54	72	5.87	71	-0.41	77
124	14117525	2417.57	733.06	77	0.34	78	0.09	80	50.45	75	30.54	75	2.29	72	4.32	74	1.96	73	4.02	79
125	37319005	2417.33	671.21	73	0.20	75	0.19	77	37.38	72	36.61	72	2.10	68	4.59	70	3.45	69	-0.11	75
126	11119676	2417.32	1597.23	75	0.23	76	-0.04	79	56.77	74	35.89	74	2.12	71	-0.87	72	0.84	72	-2.58	77
127	37316018	2416.24	824.01	75	0.17	76	0.02	79	41.64	74	26.36	74	1.75	70	6.50	72	3.79	71	2.67	77
128	31118087*	2415.65	534.20	75	0.35	76	0.05	79	48.91	74	21.35	74	1.74	71	5.79	72	6.85	72	-0.87	77
129	41118847	2414.07	1616.88	75	0.00	76	-0.04	78	46.18	74	40.42	73	1.83	70	-1.95	72	-0.30	71	-2.27	77
130	37319007	2412.67	586.31	73	0.39	75	0.11	77	54.83	72	28.58	72	1.71	68	0.53	70	5.09	70	-6.93	75
131	11115636*	2411.59	1082.44	74	-0.07	75	-0.01	78	22.71	73	29.76	72	1.40	69	5.14	71	4.11	70	7.00	76
132	31118089	2411.40	643.27	73	0.12	74	0.23	76	31.58	71	37.81	71	1.61	67	1.31	69	3.72	69	-2.21	75

（续）

序号	牛号	GCPI	产奶量 GEBV (kg)	r²(%)	乳脂率 GEBV (%)	r²(%)	乳蛋白率 GEBV (%)	r²(%)	乳脂量 GEBV (kg)	r²(%)	乳蛋白量 GEBV (kg)	r²(%)	体细胞评分 GEBV	r²(%)	体型总分 GEBV	r²(%)	泌乳系统评分 GEBV	r²(%)	肢蹄评分 GEBV	r²(%)
133	14119340	2410.54	398.77	71	0.29	72	0.21	75	40.52	69	32.83	69	2.04	65	3.77	67	4.83	66	-0.91	73
	14119310																			
134	15519015*	2410.28	443.70	72	0.60	73	0.16	76	65.78	70	30.21	70	2.38	66	1.04	68	1.11	67	-1.68	74
135	15516055*	2409.03	1058.67	74	-0.01	76	0.02	78	34.92	73	33.30	73	2.16	69	4.50	71	4.46	70	3.73	76
136	11119677*	2409.00	437.22	72	0.41	74	0.19	76	46.64	71	30.75	71	1.42	67	0.26	69	2.86	68	-4.28	74
137	12115351*	2408.45	652.30	69	0.40	71	0.18	74	49.49	68	34.19	67	1.84	63	0.07	65	-0.75	64	1.47	71
138	37318009	2407.99	344.75	74	0.65	75	0.16	78	67.12	73	25.97	73	2.11	69	-0.08	71	0.40	70	1.21	76
139	13119118	2407.91	861.87	72	0.25	73	0.08	76	50.21	70	33.31	70	1.86	67	-0.22	69	0.72	68	-0.07	74
140	37319043	2406.35	83.85	73	0.45	74	0.24	76	42.83	71	28.77	71	1.85	68	3.07	69	2.94	69	3.50	75
141	15517017*	2406.11	485.56	76	0.56	77	0.03	79	63.54	74	17.23	74	1.76	70	2.54	72	0.41	72	7.30	78
142	65117324*	2405.40	1264.03	74	0.12	75	0.04	78	48.05	72	37.44	72	2.33	68	1.51	70	1.65	70	-1.19	76
143	11118657	2403.76	952.94	73	0.23	74	0.08	77	44.87	72	34.64	71	1.88	68	0.99	70	2.80	69	-3.24	75
144	31116148*	2403.48	736.11	78	0.15	79	0.04	82	38.37	77	25.93	77	1.94	74	5.24	76	5.10	75	5.05	80
145	12118410	2402.38	1235.13	78	0.12	79	-0.05	81	49.16	76	30.52	76	2.40	73	2.49	75	2.86	74	4.23	79
146	11118659	2399.88	1084.88	72	0.25	74	0.08	76	52.23	71	39.45	71	1.95	68	-1.53	69	-1.15	69	-4.91	74
147	13316099	2398.69	1628.11	75	-0.11	76	-0.04	79	38.28	74	39.21	74	2.30	70	2.54	72	0.29	71	3.37	77
148	13316093*	2397.00	663.76	72	0.01	72	0.10	76	26.54	71	28.96	71	1.73	67	6.21	69	4.27	68	6.16	74
149	14119343	2396.55	1073.93	75	-0.10	75	-0.02	78	35.01	74	33.93	74	1.61	71	2.51	72	2.07	72	-0.34	77
	14119313																			
150	11117692	2395.70	534.65	74	0.32	75	0.23	77	38.74	72	35.07	72	1.76	69	0.77	70	1.50	70	0.15	75

（续）

序号	牛号	GCPI	产奶量 GEBV(kg)	r²(%)	乳脂率 GEBV(%)	r²(%)	乳蛋白率 GEBV(%)	r²(%)	乳脂量 GEBV(kg)	r²(%)	乳蛋白量 GEBV(kg)	r²(%)	体细胞评分 GEBV	r²(%)	体型总分 GEBV	r²(%)	泌乳系统评分 GEBV	r²(%)	肢蹄评分 GEBV	r²(%)
151	13119122	2395.55	637.66	69	0.35	70	0.13	73	46.55	68	32.24	67	1.78	63	1.12	65	1.70	65	-2.20	71
152	31116439*	2395.35	894.07	75	0.14	76	0.05	79	36.02	74	32.63	73	2.52	70	7.43	72	5.14	71	2.45	77
153	11117680*	2393.75	-32.07	78	0.48	79	0.20	81	45.43	76	24.35	76	2.22	73	6.74	75	4.14	74	4.54	79
154	14117925*	2393.31	735.65	76	0.39	77	0.12	79	55.76	75	33.35	75	2.56	72	2.30	73	0.59	73	0.91	78
155	14117919	2392.94	897.31	72	0.20	73	0.04	76	44.18	71	28.97	71	2.22	67	4.94	69	4.80	68	0.08	74
156	31116433*	2392.80	753.32	77	0.08	78	0.14	80	33.15	76	35.05	75	2.15	72	1.48	74	3.01	73	5.75	79
157	12117395*	2392.15	768.23	76	0.25	77	0.10	80	43.72	75	34.52	75	2.15	71	2.54	73	3.85	73	-3.81	78
158	31118463	2391.64	871.22	74	0.22	75	0.11	78	43.23	72	34.60	72	2.12	68	3.07	70	0.70	70	1.02	76
159	15516058*	2391.51	1186.09	76	0.03	77	0.01	79	37.86	75	33.45	74	1.91	71	2.83	73	2.67	72	0.12	78
160	31118122	2390.21	351.21	75	0.21	76	0.19	79	29.79	74	30.85	74	1.72	71	3.66	72	4.98	72	1.58	77
161	31118454	2389.99	454.07	74	0.42	76	0.06	78	48.81	73	20.97	73	2.14	69	5.01	71	6.00	71	3.39	76
162	11115629*	2389.97	1111.35	74	0.14	76	0.05	78	42.46	73	34.06	73	2.17	69	2.50	71	3.41	70	-1.62	76
163	31118124	2389.29	610.82	72	0.47	73	0.12	76	52.65	71	28.88	70	2.10	67	1.45	69	1.89	68	0.55	74
164	13316087	2387.71	1109.01	76	0.03	77	0.07	79	33.06	74	34.55	74	1.96	71	2.14	73	4.33	72	0.06	78
165	15519017*	2386.25	780.62	72	0.35	73	0.08	76	55.62	71	30.83	70	2.41	67	2.46	69	1.66	68	-0.94	74
166	37315027*	2384.24	1505.21	73	-0.08	74	-0.01	77	35.90	71	37.43	71	2.06	67	2.34	69	0.33	69	1.90	75
167	15519020	2382.58	852.52	73	0.20	74	0.15	76	42.10	71	38.35	71	1.85	68	-0.45	70	-0.22	68	-3.05	75
168	15516042*	2382.45	818.18	76	0.19	77	-0.01	79	46.38	75	25.06	74	2.05	71	4.83	73	2.11	69	4.36	78
169	11117657	2381.73	374.69	74	0.50	75	0.09	78	52.90	73	24.01	73	1.65	69	0.07	71	1.46	70	1.51	76
170	31116146*	2379.90	1107.65	74	0.05	75	0.09	78	37.48	73	38.62	72	2.12	68	1.15	71	2.65	70	-3.48	76

（续）

序号	牛号	GCPI	产奶量 GEBV (kg)	r²(%)	乳脂率 GEBV (%)	r²(%)	乳蛋白率 GEBV (%)	r²(%)	乳脂量 GEBV (kg)	r²(%)	乳蛋白量 GEBV (kg)	r²(%)	体细胞评分 GEBV	r²(%)	体型总分 GEBV	r²(%)	泌乳系统评分 GEBV	r²(%)	肢蹄评分 GEBV	r²(%)
171	15516011*	2378.18	1868.33	75	-0.17	77	-0.17	79	43.90	74	33.17	74	2.26	70	4.13	72	4.45	71	-5.46	78
172	11117678	2378.06	1140.22	73	0.00	74	0.05	77	38.86	71	38.49	71	2.26	67	2.33	69	1.83	68	-2.33	75
173	31116151	2377.41	1024.08	76	0.09	77	0.00	79	35.32	75	30.38	75	2.03	72	4.68	73	5.38	73	-1.26	78
174	15517036*	2377.37	945.77	76	0.16	77	0.05	79	38.15	74	27.49	74	2.13	71	5.99	73	2.58	72	5.41	78
175	11116672*	2377.33	868.43	75	-0.09	76	0.01	78	26.43	73	28.32	73	2.42	69	8.69	71	6.71	71	6.73	76
176	65116314*	2377.21	1156.90	76	-0.23	77	0.03	80	17.41	75	35.12	75	2.03	72	6.40	73	6.09	73	2.43	78
177	21219016	2374.22	558.44	73	0.21	74	0.11	76	36.02	71	27.65	71	2.00	68	3.27	70	4.39	69	4.02	75
178	15519001	2371.94	1110.45	73	0.17	74	0.06	76	48.77	71	36.29	71	2.07	68	-1.42	69	-3.00	69	2.08	75
179	15516054*	2370.91	741.70	79	0.29	80	0.05	82	49.08	78	26.38	78	2.25	74	4.24	76	2.85	76	0.99	81
180	21219018	2370.80	579.43	74	0.24	75	0.15	78	36.41	73	32.88	72	1.79	69	0.68	71	2.94	70	-1.26	76
181	11116680*	2370.73	296.94	75	0.28	76	0.17	79	34.29	74	26.67	74	2.13	70	6.93	72	1.71	71	8.79	77
182	31118452	2370.36	931.80	72	0.06	74	0.09	76	30.92	71	35.52	71	2.48	67	6.46	69	5.30	68	-1.29	74
183	37317036	2369.91	873.27	75	-0.11	76	0.12	79	21.01	74	37.01	73	1.79	70	3.28	72	2.71	71	2.08	77
184	31116147*	2369.06	1148.53	76	0.06	78	0.00	80	34.63	75	33.36	75	2.23	72	3.52	74	5.72	73	-2.56	78
185	31115184*	2368.27	885.48	75	0.14	76	-0.04	78	40.07	73	21.49	73	1.75	70	4.52	72	4.48	71	3.33	76
186	41118852	2368.14	723.80	74	0.29	75	0.09	78	42.79	73	26.11	72	1.71	69	1.99	71	5.14	70	-3.74	76
187	21216011*	2365.35	269.54	79	0.25	80	0.09	82	33.97	78	18.67	77	1.88	74	8.04	76	7.81	75	3.24	80
188	12116372	2364.87	515.40	77	0.23	78	-0.01	81	38.13	76	16.91	76	1.74	72	7.12	74	6.90	74	3.11	79
189	21217031	2364.53	1095.25	74	0.22	75	-0.02	78	47.34	73	30.25	73	2.18	69	1.16	71	0.22	70	2.98	76
190	15516073*	2364.47	655.68	78	0.19	79	0.02	81	40.55	76	23.60	76	2.16	73	6.11	75	4.16	74	4.18	79

（续）

序号	牛号	GCPI	产奶量 GEBV(kg)	产奶量 r²(%)	乳脂率 GEBV(%)	乳脂率 r²(%)	乳蛋白率 GEBV(%)	乳蛋白率 r²(%)	乳脂量 GEBV(kg)	乳脂量 r²(%)	乳蛋白量 GEBV(kg)	乳蛋白量 r²(%)	体细胞评分 GEBV	体细胞评分 r²(%)	体型总分 GEBV	体型总分 r²(%)	泌乳系统评分 GEBV	泌乳系统评分 r²(%)	肢蹄评分 GEBV	肢蹄评分 r²(%)
191	31116435	2363.28	928.08	78	-0.06	79	-0.03	81	28.24	77	25.47	76	2.03	74	7.37	75	5.16	74	5.59	79
192	11117698	2363.15	877.63	72	0.23	73	-0.03	76	41.86	71	20.88	70	1.68	67	4.62	69	3.96	68	1.90	74
193	31117448*	2362.25	779.16	72	0.14	74	0.08	76	36.91	71	28.43	71	1.80	67	2.87	69	3.28	68	0.15	74
194	21216046*	2362.06	741.97	79	-0.04	80	0.06	82	20.04	77	26.60	77	1.92	74	5.93	76	7.41	75	5.74	81
195	21218003	2360.89	615.80	71	0.15	73	0.20	76	33.77	70	38.39	70	2.07	66	1.38	68	0.80	67	-1.14	74
196	31116415*	2359.38	1068.89	77	0.01	79	0.07	81	33.33	76	36.93	76	2.66	73	5.99	74	3.52	74	-0.52	79
197	11118613	2358.66	1222.87	76	-0.03	77	-0.03	79	33.34	74	33.02	74	2.23	71	3.65	73	5.33	72	-2.27	78
198	11120620	2358.45	287.07	70	0.30	72	0.16	75	37.07	69	26.13	69	2.05	65	4.01	67	2.51	66	5.96	73
199	37317054*	2357.77	756.41	79	0.20	80	0.07	81	42.78	78	30.28	77	2.14	75	1.42	76	2.61	75	0.12	80
200	11118669	2357.42	919.68	72	-0.03	73	0.10	76	28.28	71	38.28	71	1.89	67	0.28	69	2.63	69	-2.25	74
201	11117603*	2357.34	700.59	75	0.04	77	0.13	79	26.59	74	32.85	74	2.19	70	5.75	72	5.17	71	0.17	77
202	31116152*	2357.24	409.32	79	0.52	80	0.12	82	55.04	78	24.76	78	1.97	75	0.85	77	1.43	76	-1.28	81
203	21215001*	2356.79	917.15	77	-0.06	78	0.05	81	21.88	76	30.54	75	1.78	72	3.57	74	4.60	73	3.89	79
204	31115199*	2356.58	1806.59	74	-0.20	75	-0.17	78	33.49	72	31.86	72	2.16	68	2.89	71	5.21	70	-1.23	76
205	13316098	2356.42	1690.31	73	-0.21	75	-0.03	77	40.95	72	44.16	72	2.60	68	-1.01	70	-2.95	69	1.72	75
206	21217009*	2356.14	1410.93	76	-0.04	77	-0.07	79	40.67	75	32.22	74	2.18	71	1.85	73	2.19	72	-0.29	78
207	11119688	2355.67	1198.24	75	0.09	76	0.00	78	44.33	73	32.66	73	3.04	70	3.69	71	1.78	71	6.99	77
208	31116427	2355.43	1576.63	75	-0.18	77	-0.06	79	37.39	74	39.21	74	2.14	70	-0.36	72	-1.61	71	1.23	77
209	11118660	2355.43	826.88	74	0.19	75	0.02	77	41.19	72	28.03	72	1.87	69	3.72	70	2.89	70	-2.65	75
210	11118612	2355.18	582.70	75	0.18	76	0.14	78	31.21	74	30.43	73	1.97	70	4.09	72	5.26	71	-1.84	77

（续）

序号	牛号	GCPI	产奶量 GEBV (kg)	产奶量 r²(%)	乳脂率 GEBV (%)	乳脂率 r²(%)	乳蛋白率 GEBV (%)	乳蛋白率 r²(%)	乳脂量 GEBV (kg)	乳脂量 r²(%)	乳蛋白量 GEBV (kg)	乳蛋白量 r²(%)	体细胞评分 GEBV	体细胞评分 r²(%)	体型总分 GEBV	体型总分 r²(%)	泌乳系统评分 GEBV	泌乳系统评分 r²(%)	肢蹄评分 GEBV	肢蹄评分 r²(%)
211	15517050*	2355.06	555.62	78	0.40	79	0.11	81	48.94	77	26.76	77	2.23	74	2.11	76	3.66	75	-1.51	80
212	31118135	2354.57	473.03	78	0.20	79	0.08	81	33.47	77	26.26	76	1.76	73	4.70	75	1.86	75	4.30	79
213	15518009	2354.52	1658.53	78	-0.24	79	-0.04	81	30.11	77	41.98	77	1.97	74	-0.70	76	0.76	75	-3.43	79
214	11117613*	2353.95	546.82	75	0.28	76	0.09	79	36.65	73	23.75	73	1.97	69	5.88	71	5.96	70	-0.38	77
215	21216057*	2353.06	586.07	78	0.25	79	0.03	81	37.43	76	18.77	76	1.39	73	3.18	75	6.17	74	-0.14	79
216	12218402	2352.93	1089.91	76	-0.14	77	0.03	80	21.93	74	30.23	74	2.25	71	5.65	73	4.40	72	8.42	78
217	61215039*	2352.83	876.75	79	0.08	80	0.11	83	30.74	78	33.94	78	2.04	74	1.54	76	1.36	76	3.91	81
218	41118835	2352.38	663.20	72	0.21	74	0.12	76	37.63	71	28.62	71	1.67	67	1.74	69	3.47	68	-3.09	74
219	21216010*	2351.63	1177.63	73	-0.17	74	0.10	77	23.13	71	39.41	71	2.31	67	4.46	69	3.62	68	-1.14	75
220	21216001	2351.28	1096.56	77	0.02	78	-0.05	80	33.69	76	27.90	76	2.17	72	5.06	74	6.65	74	-1.71	79
221	14117420*	2348.90	809.62	77	0.19	78	0.11	80	38.64	76	34.99	75	2.02	72	-0.77	74	0.04	73	0.66	78
222	37317031	2348.13	1229.98	75	-0.03	76	0.01	78	32.55	73	37.47	73	2.13	70	1.54	72	2.49	71	-3.34	77
223	37318029	2348.06	1071.80	73	-0.05	74	0.00	77	30.00	72	33.33	72	1.87	68	1.94	70	4.39	69	-3.59	75
224	11116670*	2346.83	343.61	77	0.28	78	0.00	80	34.98	75	14.42	75	1.83	72	8.06	73	6.53	73	6.61	78
225	14119342	2344.02	1040.00	75	-0.08	76	-0.05	78	34.59	74	30.39	74	1.95	70	2.45	72	1.72	72	1.58	77
	14119322																			
226	12116377	2342.52	964.82	76	0.07	78	0.03	80	34.69	75	30.76	75	2.22	72	4.56	73	2.28	73	1.44	78
227	11116676*	2341.00	142.57	78	0.40	79	0.05	81	42.22	77	14.69	77	2.04	74	7.36	75	5.69	75	5.27	79
228	11117632*	2340.04	803.66	70	0.23	71	0.04	74	39.10	68	26.82	68	1.45	64	1.80	66	2.03	65	-4.38	72
229	15517012*	2338.67	416.06	80	0.10	81	0.06	83	31.19	79	22.77	79	2.02	76	6.24	78	6.16	77	2.43	82

（续）

序号	牛号	GCPI	产奶量 GEBV(kg)	r²(%)	乳脂率 GEBV(%)	r²(%)	乳蛋白率 GEBV(%)	r²(%)	乳脂量 GEBV(kg)	r²(%)	乳蛋白量 GEBV(kg)	r²(%)	体细胞评分 GEBV	r²(%)	体型总分 GEBV	r²(%)	泌乳系统评分 GEBV	r²(%)	肢蹄评分 GEBV	r²(%)
230	21216008*	2337.12	255.91	78	0.37	79	0.06	81	38.87	76	14.65	76	2.23	73	8.78	75	8.42	74	3.49	79
231	11119687	2336.70	506.41	72	0.35	73	0.10	75	45.30	70	27.05	70	1.88	66	-0.01	68	1.78	68	-1.51	74
232	11120621	2336.53	539.10	71	0.37	73	0.16	75	47.30	70	31.15	70	2.65	66	2.13	68	-0.54	67	4.23	73
233	31116164	2335.08	825.21	76	0.16	77	-0.04	80	40.84	75	22.01	75	2.09	71	3.76	73	4.26	73	2.67	78
234	37317040	2333.93	334.05	78	0.38	79	0.01	81	44.19	77	17.46	77	2.26	74	7.44	75	6.44	75	0.87	80
235	12116382*	2333.69	1751.34	79	-0.11	80	-0.08	82	41.85	78	38.57	78	2.57	75	0.84	77	-1.34	76	-0.32	81
236	11117682*	2333.43	404.78	77	0.42	78	0.13	80	48.26	75	28.74	75	2.18	72	0.29	74	0.24	73	0.27	78
237	21216007*	2332.55	1050.16	74	-0.03	75	0.05	78	29.53	72	32.17	72	2.43	68	3.58	71	1.94	70	6.19	76
238	11117809*	2332.55	922.98	70	0.01	72	0.04	75	33.65	69	31.49	69	2.27	64	3.80	67	2.82	66	0.10	73
239	11117668*	2332.28	635.39	79	0.18	80	0.06	82	34.23	78	27.05	78	1.91	75	2.96	77	2.32	76	2.27	80
240	15517029	2331.62	1402.61	77	-0.07	78	-0.03	80	35.23	76	35.57	76	2.45	73	2.00	74	2.00	74	-0.63	79
241	13316095	2330.62	1123.32	74	-0.08	76	0.00	78	31.42	73	32.35	73	2.03	69	2.47	71	1.85	71	0.06	76
242	11120617	2329.10	114.93	70	0.51	72	0.26	74	46.37	69	29.33	69	2.30	65	0.45	67	-0.20	66	2.35	72
243	41118834	2328.98	535.64	71	0.25	72	0.11	75	35.93	69	28.21	69	1.92	65	2.56	67	1.84	67	0.40	73
244	13119114	2328.25	365.55	72	0.38	74	0.22	76	40.90	71	32.58	71	2.15	67	-0.67	69	0.06	68	0.54	74
245	65117325	2327.97	583.95	74	0.28	75	0.03	78	41.48	72	21.89	72	1.99	68	3.88	71	3.45	70	1.19	76
246	37319012	2327.05	1080.82	74	-0.27	75	-0.04	78	15.60	73	29.61	72	1.68	69	5.43	71	3.46	70	3.80	76
247	15519006	2326.51	1126.85	73	0.03	74	-0.02	76	41.72	72	32.56	71	1.99	68	-0.11	70	-2.85	69	2.06	75
248	13119134	2326.26	463.72	70	0.27	72	0.16	74	38.10	69	30.89	69	1.75	65	-0.58	67	-0.73	66	0.33	72
249	12118411	2325.58	1057.36	78	-0.02	79	-0.02	81	35.58	77	28.59	77	2.44	74	4.05	75	2.44	75	4.10	80

（续）

序号	牛号	GCPI	产奶量 GEBV (kg)	产奶量 r²(%)	乳脂率 GEBV (%)	乳脂率 r²(%)	乳蛋白率 GEBV (%)	乳蛋白率 r²(%)	乳脂量 GEBV (kg)	乳脂量 r²(%)	乳蛋白量 GEBV (kg)	乳蛋白量 r²(%)	体细胞评分 GEBV	体细胞评分 r²(%)	体型总分 GEBV	体型总分 r²(%)	泌乳系统评分 GEBV	泌乳系统评分 r²(%)	肢蹄评分 GEBV	肢蹄评分 r²(%)
250	13316088	2325.56	1398.84	75	-0.22	76	-0.04	78	27.69	74	36.46	74	2.02	70	0.61	72	2.61	71	-2.94	77
251	14119337	2324.51	897.52	72	-0.03	74	0.08	76	29.35	71	32.78	71	1.82	67	0.73	69	2.59	68	-2.36	74
	14119307																			
252	21215011*	2324.49	1278.82	71	-0.16	72	-0.07	75	29.69	69	26.68	69	2.11	65	3.71	67	4.94	66	2.09	73
253	31116150*	2323.46	810.13	79	0.13	80	0.02	82	37.08	78	25.46	77	2.33	74	3.22	76	4.11	76	3.22	81
254	14119338	2322.80	966.89	72	-0.12	73	0.04	76	26.58	70	31.15	70	1.84	66	2.52	68	2.96	67	-0.75	74
	14119308																			
255	12216381*	2316.24	1195.30	75	-0.16	76	0.05	79	21.47	73	37.61	73	2.16	69	2.42	71	3.73	71	-3.35	77
256	31116160*	2315.64	1217.46	79	-0.10	80	-0.08	82	29.70	78	25.08	78	2.06	75	4.38	76	4.22	76	2.70	81
257	12217394	2315.02	392.02	79	0.33	80	0.08	82	44.50	78	22.34	78	1.97	76	2.28	77	1.39	76	1.46	81
258	12218406	2314.64	454.39	76	0.18	78	0.05	80	33.66	75	20.74	75	2.08	71	4.67	73	3.71	72	6.13	78
259	37318025	2313.99	320.26	73	0.31	74	0.13	77	39.76	72	24.45	71	1.78	68	1.55	70	0.62	69	1.35	75
260	31118450	2311.42	1867.78	73	-0.35	75	-0.18	77	26.10	72	33.17	72	2.06	68	1.68	70	3.64	69	-2.17	75
261	65516319*	2310.13	1539.75	73	-0.32	74	-0.07	77	20.82	72	36.05	71	1.89	68	0.68	70	-0.63	69	3.90	75
262	31116165*	2310.00	1300.10	76	0.02	77	-0.09	80	42.92	75	29.32	75	2.16	72	-0.75	73	0.30	73	0.30	78
263	31118113	2309.56	931.74	77	0.12	78	0.02	80	41.35	76	28.05	76	2.63	73	2.63	75	2.59	74	1.94	79
264	21218017	2309.32	1325.01	77	-0.15	78	0.00	80	28.53	76	41.15	76	2.45	73	0.38	74	0.55	74	-2.49	79
265	11120601	2307.66	-322.20	72	0.70	74	0.26	76	52.22	71	21.60	71	2.16	68	2.46	69	0.86	69	-0.92	74
266	21218011	2307.23	648.59	77	0.03	78	0.05	80	27.01	75	27.19	75	2.48	72	6.65	74	6.66	73	-0.30	78
267	37317025	2307.13	1625.80	78	-0.27	79	-0.16	81	29.77	77	29.79	77	2.25	74	3.42	75	2.25	75	2.14	79

（续）

序号	牛号	GCPI	产奶量 GEBV (kg)	产奶量 r²(%)	乳脂率 GEBV (%)	乳脂率 r²(%)	乳蛋白率 GEBV (%)	乳蛋白率 r²(%)	乳脂量 GEBV (kg)	乳脂量 r²(%)	乳蛋白量 GEBV (kg)	乳蛋白量 r²(%)	体细胞评分 GEBV	体细胞评分 r²(%)	体型总分 GEBV	体型总分 r²(%)	泌乳系统评分 GEBV	泌乳系统评分 r²(%)	肢蹄评分 GEBV	肢蹄评分 r²(%)
268	11117675	2306.88	746.21	74	0.11	75	0.03	78	34.88	73	26.39	73	1.91	69	1.99	71	1.75	70	0.55	76
269	15518010	2306.19	1174.94	79	-0.05	80	-0.04	81	29.26	78	31.21	78	1.40	75	0.61	76	0.95	76	-5.85	80
270	15517026*	2303.85	914.65	73	-0.01	74	0.02	77	33.41	72	30.64	71	2.35	68	1.56	70	2.25	69	1.26	75
271	15519008	2301.63	1234.93	73	-0.13	75	-0.07	77	30.45	72	27.64	72	1.78	69	0.11	70	2.74	70	-0.34	75
272	11119675	2301.47	440.64	72	0.35	73	0.17	76	41.63	70	27.56	70	1.59	67	-1.93	68	-0.36	68	-3.31	74
273	31117449	2301.47	152.76	75	0.38	76	0.18	79	32.37	74	26.90	73	1.84	70	1.56	72	1.17	71	1.37	77
274	15517052*	2299.71	929.65	81	0.05	82	0.06	84	34.07	81	30.85	80	1.83	78	-0.72	79	-0.87	79	0.51	83
275	31118137	2299.58	738.06	79	-0.11	80	0.08	82	18.05	78	33.65	78	1.91	75	3.06	77	1.70	76	1.16	80
276	11117687*	2298.09	26.36	77	0.40	78	0.12	81	40.82	76	18.80	76	2.17	72	4.58	75	2.87	74	3.75	79
277	11116687	2297.93	837.95	77	0.00	78	-0.01	81	32.27	76	25.42	76	2.03	73	4.12	75	-0.23	74	5.31	79
278	31116159	2297.78	296.21	75	0.27	77	0.00	79	34.52	74	12.23	74	2.12	70	7.54	72	6.61	72	6.42	77
279	37316015*	2297.53	971.92	73	0.00	74	-0.03	77	31.00	71	23.46	71	2.09	67	4.47	69	2.77	69	3.88	75
280	31116431*	2297.38	1533.00	75	-0.22	76	-0.11	78	31.32	73	34.00	73	2.29	70	1.82	72	-0.85	71	1.70	77
281	11117699	2297.04	579.29	73	0.27	74	0.00	76	37.96	71	16.59	71	1.88	68	3.85	70	3.45	69	4.22	75
282	37319050	2296.09	852.64	73	-0.17	74	0.08	77	16.90	72	33.59	72	2.04	69	3.19	70	5.13	70	-2.89	75
283	11119680	2295.70	179.65	73	0.48	74	0.08	77	46.71	72	16.31	72	1.71	68	1.27	70	4.70	69	-3.70	75
284	37316036	2295.55	609.00	75	0.05	76	0.09	79	27.21	74	27.86	74	2.18	70	3.31	72	3.49	71	1.76	77
285	21216035*	2295.14	1515.89	75	0.04	76	-0.07	79	45.67	74	32.56	74	2.64	70	-0.66	72	1.13	71	-3.18	77
286	14117622	2295.10	261.17	76	0.34	77	0.11	79	37.61	75	21.25	75	1.80	71	3.05	73	1.00	72	2.21	78
287	31116443*	2293.24	205.58	74	0.33	76	0.19	78	35.78	73	26.04	73	2.29	69	3.63	71	3.60	70	-1.40	76

（续）

序号	牛号	GCPI	产奶量 GEBV (kg)	r²(%)	乳脂率 GEBV (%)	r²(%)	乳蛋白率 GEBV (%)	r²(%)	乳脂量 GEBV (kg)	r²(%)	乳蛋白量 GEBV (kg)	r²(%)	体细胞评分 GEBV	r²(%)	体型总分 GEBV	r²(%)	泌乳系统评分 GEBV	r²(%)	肢蹄评分 GEBV	r²(%)
288	11117808*	2292.42	-114.42	75	0.37	76	0.22	78	33.25	73	22.10	73	1.28	70	0.33	72	3.93	71	-5.75	77
289	15517061*	2291.55	1278.41	75	-0.09	76	-0.07	79	30.41	74	25.34	74	2.23	71	2.84	73	4.36	72	1.74	77
290	21216037*	2291.16	620.54	78	0.30	79	0.12	81	41.29	77	29.01	76	2.30	73	0.64	75	2.22	74	-3.92	80
291	11120523	2290.11	1484.70	72	-0.31	74	-0.06	77	17.31	71	30.56	71	2.29	67	4.74	69	4.47	68	2.70	75
292	37315007*	2289.50	1015.72	76	-0.01	77	-0.08	79	31.46	74	22.05	74	1.89	70	2.77	72	3.70	71	1.49	78
293	11116677	2288.82	357.34	74	0.15	75	0.09	77	26.59	72	20.69	72	2.08	69	5.27	70	5.87	70	2.88	75
294	11519002	2288.34	565.22	72	0.34	74	0.07	76	45.93	71	24.58	71	1.77	68	-0.50	69	-1.39	68	-1.69	74
295	14417409*	2288.31	81.81	74	0.37	76	0.13	78	32.38	73	18.12	73	2.02	69	6.33	71	4.97	70	1.69	76
296	41117810*	2287.70	598.02	80	0.32	81	0.06	83	45.48	78	25.86	78	2.53	75	2.84	77	0.86	77	-0.17	81
297	15516070*	2287.29	956.43	79	0.07	80	0.00	82	40.78	78	27.99	78	2.06	75	0.03	76	1.02	76	-3.46	81
298	11118627*	2287.10	810.95	75	-0.13	76	0.11	78	17.71	74	32.32	73	1.92	70	2.53	72	2.98	71	-0.46	77
299	11116685*	2286.84	857.80	74	0.08	76	-0.07	78	32.53	73	21.16	73	2.18	69	3.56	71	4.68	70	2.89	76
300	11118653	2286.48	394.76	74	0.19	76	0.07	78	34.06	73	24.04	73	1.95	70	2.89	72	2.92	71	-1.39	76
301	11118621*	2286.33	763.26	74	-0.07	75	0.13	78	20.45	73	34.32	73	1.81	69	0.66	71	0.70	70	-0.72	76
302	12117397	2285.72	1314.40	76	-0.05	77	0.00	80	32.71	75	34.98	75	2.65	72	0.96	73	1.38	73	-0.47	78
303	37315017*	2284.89	1403.52	77	-0.40	78	-0.06	81	13.73	75	31.61	75	2.20	71	3.34	74	2.97	73	5.99	79
304	1418106	2284.68	344.40	73	0.10	74	0.14	77	23.11	72	26.32	71	2.07	68	4.58	70	3.67	69	1.80	75
305	37316020	2284.42	1250.57	75	-0.20	76	-0.02	78	22.59	73	31.05	73	2.58	69	5.49	72	2.37	71	4.30	77
306	15516078*	2284.03	663.54	78	0.10	79	0.02	81	32.52	77	22.44	77	2.02	74	2.97	76	4.69	75	-0.82	80
307	11119685	2283.65	989.18	72	0.02	74	0.02	76	34.13	71	31.30	71	2.12	67	0.68	69	1.77	69	-4.67	74

（续）

序号	牛号	GCPI	产奶量 GEBV (kg)	产奶量 r²(%)	乳脂率 GEBV (%)	乳脂率 r²(%)	乳蛋白率 GEBV (%)	乳蛋白率 r²(%)	乳脂量 GEBV (kg)	乳脂量 r²(%)	乳蛋白量 GEBV (kg)	乳蛋白量 r²(%)	体细胞评分 GEBV	体细胞评分 r²(%)	体型总分 GEBV	体型总分 r²(%)	泌乳系统评分 GEBV	泌乳系统评分 r²(%)	肢蹄评分 GEBV	肢蹄评分 r²(%)
308	37318050	2283.60	804.26	73	0.02	74	0.15	77	28.09	72	36.86	71	1.94	68	-1.58	70	-0.34	69	-4.10	75
309	61216065	2281.51	-75.87	77	0.27	78	0.18	81	18.54	76	19.60	75	1.72	72	4.75	74	5.93	73	4.35	79
310	37318036	2280.98	982.10	74	-0.18	75	-0.05	78	20.10	72	27.11	72	1.57	69	1.64	70	4.16	70	-2.33	76
311	15517047*	2280.90	489.27	78	0.30	79	0.04	81	43.63	77	20.75	77	2.31	74	2.72	75	4.95	75	-3.29	80
312	11115618*	2279.26	407.83	74	0.18	75	0.18	78	25.56	72	30.50	72	2.02	68	3.01	70	-0.98	69	2.81	76
313	11115619*	2279.17	531.51	77	0.09	78	0.06	81	22.29	76	22.64	75	1.86	72	2.77	74	2.71	73	6.94	79
314	31118131	2278.51	959.31	80	0.16	81	0.03	82	38.23	79	32.47	79	2.40	76	-0.35	78	-0.41	77	-1.21	81
315	31118102	2278.31	1099.28	79	-0.09	79	0.02	81	25.77	78	34.98	78	1.88	75	-1.45	76	1.74	76	-5.42	80
316	37315035*	2277.96	-83.89	73	0.44	74	0.22	77	33.76	71	24.20	71	1.71	66	0.74	69	1.35	68	-1.04	75
317	31116428*	2276.49	1167.18	73	-0.12	74	-0.07	77	28.59	71	27.41	71	1.95	67	1.35	69	3.45	68	-2.72	75
318	21218019	2276.21	683.77	78	0.17	79	0.10	81	33.68	77	33.72	77	2.33	75	-0.09	76	1.53	76	-4.59	80
319	11118655	2276.21	789.32	74	0.03	75	0.03	77	33.74	72	29.35	72	2.13	69	1.59	71	3.09	70	-6.12	75
320	61218105	2274.54	-335.59	71	0.51	73	0.24	76	36.08	70	17.59	69	1.58	65	1.92	67	2.95	67	-0.54	74
321	37318021	2273.27	261.15	76	0.42	77	0.11	80	46.88	75	25.11	75	2.32	71	0.40	73	-0.81	72	0.07	78
322	11117801	2273.20	979.41	72	0.06	73	-0.04	76	33.52	71	22.92	71	1.63	67	0.93	69	1.53	68	-1.56	74
323	15519003	2272.31	1227.34	72	0.04	73	-0.03	76	36.22	70	29.12	70	1.67	67	-1.58	69	0.44	68	-6.68	74
324	12116373*	2272.29	1153.69	74	-0.13	75	0.07	77	21.83	72	35.26	72	1.59	68	-1.33	70	-1.13	69	-2.95	75
325	15519022	2271.84	550.25	72	0.20	74	0.10	76	35.34	71	28.33	71	1.89	68	-1.62	69	-0.10	69	-1.16	74
326	15516077*	2271.43	884.24	78	-0.06	79	0.10	81	21.64	77	34.93	76	1.86	73	0.23	75	0.52	74	-3.33	79
327	11118601*	2270.52	770.33	71	0.14	72	-0.03	75	37.66	69	21.87	69	1.89	65	2.38	67	0.81	66	-0.25	73

（续）

序号	牛号	GCPI	产奶量 GEBV (kg)	产奶量 r²(%)	乳脂率 GEBV (%)	乳脂率 r²(%)	乳蛋白率 GEBV (%)	乳蛋白率 r²(%)	乳脂量 GEBV (kg)	乳脂量 r²(%)	乳蛋白量 GEBV (kg)	乳蛋白量 r²(%)	体细胞评分 GEBV	体细胞评分 r²(%)	体型总分 GEBV	体型总分 r²(%)	泌乳系统评分 GEBV	泌乳系统评分 r²(%)	肢蹄评分 GEBV	肢蹄评分 r²(%)
328	21215009*	2270.28	937.37	73	0.05	74	0.04	77	28.90	72	30.45	71	2.32	67	0.87	70	-0.66	69	4.87	75
329	31115401*	2270.10	234.00	77	0.44	78	0.09	80	38.76	76	15.79	76	1.70	73	3.77	74	3.86	73	-2.62	78
330	37317056*	2268.62	552.83	74	0.20	75	0.05	78	33.57	73	22.80	72	2.27	69	3.40	71	5.74	70	-3.28	76
331	11118666	2267.54	119.63	73	0.34	74	0.13	76	31.68	71	19.08	71	1.37	68	0.82	69	2.84	69	-1.91	74
332	37319037	2267.40	14.71	70	0.38	72	0.24	74	35.16	69	26.81	69	1.83	65	0.08	67	0.61	66	-3.52	73
333	37317052*	2267.39	202.41	76	0.45	78	0.05	80	44.68	75	15.57	75	1.85	72	1.67	74	2.90	73	-1.12	79
334	11117658*	2265.64	596.66	74	0.10	76	0.08	78	27.78	73	24.40	73	2.06	70	2.50	72	3.65	71	0.03	76
335	37317035	2265.19	661.28	75	-0.01	76	0.13	78	23.26	74	31.27	73	2.20	70	1.16	72	2.77	71	-0.98	77
336	13316101	2265.14	1031.40	76	0.20	77	0.02	80	46.55	75	30.03	75	2.67	71	-1.20	73	-0.87	73	-0.76	78
337	37317038	2264.87	568.83	75	0.11	77	0.13	79	27.88	74	27.50	74	1.64	71	-1.01	73	0.33	72	-0.66	77
338	11116686*	2263.72	750.44	76	0.03	77	-0.01	80	31.36	75	23.24	75	2.32	71	4.03	73	2.18	73	3.20	78
339	21218002	2263.01	756.51	72	-0.03	73	0.06	76	25.24	71	28.80	70	2.23	67	2.86	69	1.53	68	1.36	74
340	11117670*	2262.50	950.87	76	-0.03	77	0.01	80	27.68	75	28.86	75	2.11	72	2.49	74	2.32	73	-3.22	78
341	37319021	2262.45	678.63	71	0.18	72	0.04	75	35.58	70	24.76	69	1.94	66	-0.46	68	2.28	67	-2.78	73
342	15519007	2261.65	1199.49	75	-0.16	76	-0.05	78	28.30	74	28.65	74	2.31	71	0.21	72	0.74	72	4.33	77
343	37315037*	2261.46	730.43	71	-0.22	72	0.08	75	15.57	69	30.90	69	1.85	65	2.61	67	0.25	66	2.62	73
344	13119104	2261.43	112.57	71	0.38	72	0.12	75	34.73	69	17.90	69	2.02	65	3.18	67	4.70	66	-0.33	73
345	14415314*	2261.26	575.55	75	0.15	76	0.08	79	30.26	74	25.56	74	1.94	70	3.42	72	1.20	71	-2.23	77
346	12116376*	2260.18	882.03	76	-0.06	78	0.05	80	21.36	75	26.89	75	1.59	71	0.23	73	1.87	72	-0.52	78
347	37319060	2259.57	-253.95	72	0.53	73	0.17	76	39.92	74	14.97	71	2.22	67	3.20	69	4.16	68	3.09	74

（续）

序号	牛号	GCPI	产奶量		乳脂率		乳蛋白率		乳脂量		乳蛋白量		体细胞评分		体型总分		泌乳系统评分		肢蹄评分	
			GEBV (kg)	r²(%)	GEBV (%)	r²(%)	GEBV (%)	r²(%)	GEBV (kg)	r²(%)	GEBV (kg)	r²(%)	GEBV	r²(%)	GEBV	r²(%)	GEBV	r²(%)	GEBV	r²(%)
348	61215035*	2258.40	615.12	77	-0.13	79	-0.07	81	10.12	76	12.58	76	1.48	72	8.74	74	8.20	73	4.55	79
349	11119673	2258.29	1175.81	73	0.11	74	-0.04	76	39.67	72	28.27	71	2.28	68	-0.81	70	0.76	69	-3.25	75
350	21217029	2256.69	492.61	74	0.08	76	0.10	78	21.61	73	20.07	73	1.87	69	3.84	71	3.22	70	5.38	76
351	11118671	2256.16	675.33	75	0.06	76	0.08	79	27.74	74	31.03	74	1.80	71	-0.51	73	1.08	72	-6.01	77
352	61216085	2256.04	1066.92	75	-0.01	76	0.01	79	31.75	73	31.26	73	2.07	69	-1.15	71	1.95	71	-6.46	77
353	15517062*	2255.28	642.10	75	0.16	76	0.10	78	32.11	73	27.51	73	2.57	70	2.39	72	1.13	71	2.76	77
354	15517027*	2254.37	666.31	73	0.05	74	0.07	77	24.76	72	26.77	71	1.93	68	1.18	70	4.22	69	-4.14	75
355	37317058*	2254.36	1090.96	75	-0.22	77	-0.08	79	21.80	74	25.91	74	2.15	71	2.61	72	2.83	72	3.09	77
356	15516049*	2253.98	1085.22	77	-0.05	78	0.03	80	26.61	76	31.63	76	2.38	73	1.27	74	3.29	74	-4.14	79
357	61216084	2253.90	1328.63	75	-0.29	77	-0.14	79	20.80	74	26.28	74	1.95	70	2.19	72	4.67	71	-2.29	78
358	21215003*	2252.61	843.12	70	0.05	71	-0.06	74	31.82	68	22.30	68	2.15	64	0.76	66	3.95	65	0.23	72
359	11120610	2252.48	690.53	73	0.10	74	0.08	77	31.46	72	25.90	72	2.49	68	3.78	70	2.16	69	0.54	75
360	41118849	2252.00	767.35	81	0.09	81	0.07	83	28.01	80	31.81	80	1.87	78	-0.74	79	0.53	78	-5.74	82
361	15516046*	2250.83	927.81	82	0.06	83	-0.07	85	35.36	82	21.69	81	2.08	80	0.98	81	1.13	80	1.98	84
362	15519016*	2250.76	-3.64	72	0.37	73	0.10	76	35.02	71	12.95	71	1.69	67	2.75	69	1.75	68	5.33	74
363	11119683	2248.38	860.17	72	0.05	73	0.09	76	31.41	71	35.69	70	2.69	67	0.43	69	1.63	68	-5.69	74
364	12116379	2248.38	1165.82	75	-0.26	76	-0.05	79	14.06	74	30.77	74	2.29	70	4.09	72	4.64	71	-1.36	77
365	11117666*	2246.46	800.90	80	0.11	80	0.06	82	32.83	79	30.09	79	1.94	76	-1.31	77	-1.66	77	-2.44	81
366	21216033*	2246.33	1192.45	76	0.02	77	-0.17	80	36.60	75	18.51	75	2.24	72	1.55	74	2.68	73	3.39	78
367	21216048*	2245.53	960.28	75	0.11	77	-0.01	79	34.06	74	24.29	74	2.38	70	0.89	72	1.64	71	1.94	77

（续）

序号	牛号	GCPI	产奶量 GEBV (kg)	产奶量 r²(%)	乳脂率 GEBV (%)	乳脂率 r²(%)	乳蛋白率 GEBV (%)	乳蛋白率 r²(%)	乳脂量 GEBV (kg)	乳脂量 r²(%)	乳蛋白量 GEBV (kg)	乳蛋白量 r²(%)	体细胞评分 GEBV	体细胞评分 r²(%)	体型总分 GEBV	体型总分 r²(%)	泌乳系统评分 GEBV	泌乳系统评分 r²(%)	肢蹄评分 GEBV	肢蹄评分 r²(%)
368	11115630*	2244.53	914.35	75	-0.03	77	-0.04	79	27.81	74	21.45	74	2.20	70	3.78	72	4.76	71	-0.85	77
369	11117615*	2243.43	660.59	75	0.11	76	-0.01	79	31.54	74	20.65	74	2.39	70	3.33	72	4.49	71	0.77	77
370	15518011*	2243.12	1195.59	76	-0.13	77	-0.03	79	23.39	75	33.43	75	1.90	73	-1.25	74	1.10	73	-6.08	78
371	15516052*	2242.49	426.29	76	0.17	77	0.13	79	33.44	75	28.41	74	2.40	71	0.64	73	-0.12	72	0.30	78
372	11117605*	2242.32	244.88	77	0.15	78	0.02	80	23.60	75	14.57	75	2.06	72	5.92	74	7.89	73	1.14	78
373	11120516	2241.27	1247.03	71	0.05	73	0.00	75	34.39	70	31.02	70	2.75	66	0.83	68	1.21	67	-1.68	73
374	14117922*	2238.49	137.71	74	0.13	75	0.14	78	17.18	73	19.97	73	1.68	69	3.88	71	2.62	70	4.24	76
375	14117921*	2238.21	340.65	76	0.13	77	0.09	79	28.65	75	21.67	74	2.07	71	3.35	73	2.48	72	-0.11	78
376	37317033	2236.21	523.22	73	0.01	75	0.02	77	18.33	72	18.75	72	1.87	68	5.40	70	5.64	70	0.45	75
377	37319029	2235.78	1074.14	71	-0.06	72	-0.07	75	30.54	69	23.72	69	2.15	65	1.81	67	1.26	66	0.37	73
378	37316032	2235.66	1243.98	76	-0.15	77	-0.06	79	30.54	74	33.03	74	1.71	71	-4.54	72	-3.25	72	-3.47	77
379	12116368*	2234.50	465.10	78	0.05	79	0.06	81	25.26	76	22.60	76	1.95	73	3.72	75	1.80	74	-0.22	79
380	15517045*	2232.26	634.46	71	0.03	72	0.00	75	21.84	70	19.85	70	2.28	65	5.96	67	4.87	67	2.20	73
381	37316038	2230.47	1414.61	76	-0.12	78	-0.04	80	35.50	75	37.63	75	2.29	71	-4.00	73	0.47	72	-12.79	78
382	21215004*	2229.32	555.87	77	0.07	78	-0.04	80	19.26	75	12.33	75	1.78	72	7.26	74	6.58	73	2.21	78
383	12116380*	2228.18	1257.68	75	-0.19	76	-0.16	79	15.06	74	18.12	74	1.48	70	3.29	72	5.75	71	-1.16	77
384	11118652	2228.10	292.10	73	0.24	74	0.12	77	34.57	71	24.67	71	1.95	68	0.70	70	0.42	69	-5.07	75
385	15516045*	2227.74	233.53	79	0.26	80	-0.08	82	34.78	78	5.17	78	1.68	75	5.54	77	4.60	76	3.99	81
386	15516007*	2227.69	1132.37	75	-0.19	76	-0.10	79	21.26	73	25.03	73	1.69	69	1.00	72	2.10	71	-2.89	77
387	11116667*	2226.83	941.69	76	-0.26	77	-0.02	79	10.14	74	27.28	74	2.13	71	3.71	73	3.98	72	1.84	78

（续）

序号	牛号	GCPI	产奶量 GEBV (kg)	r²(%)	乳脂率 GEBV (%)	r²(%)	乳蛋白率 GEBV (%)	r²(%)	乳脂量 GEBV (kg)	r²(%)	乳蛋白量 GEBV (kg)	r²(%)	体细胞评分 GEBV	r²(%)	体型总分 GEBV	r²(%)	泌乳系统评分 GEBV	r²(%)	肢蹄评分 GEBV	r²(%)
388	11120518	2226.75	538.41	70	0.28	71	0.06	74	34.14	69	20.49	68	2.27	64	1.08	66	5.31	65	-4.20	72
389	15517060*	2225.65	694.64	73	0.12	75	-0.02	77	32.51	72	17.51	72	2.07	68	2.05	70	2.76	70	1.42	75
390	15518006	2225.13	1179.99	80	-0.05	81	-0.04	82	26.31	79	31.20	79	2.62	76	2.62	78	3.40	77	-6.10	81
391	11117672*	2224.64	812.97	79	-0.07	80	0.01	82	21.22	78	27.56	78	1.75	75	0.43	77	-0.91	76	0.03	80
392	31118116	2224.06	653.15	77	0.08	78	0.02	80	32.18	76	21.12	76	2.33	73	1.98	74	1.85	74	1.93	78
393	11118633	2223.37	552.01	72	-0.15	74	0.12	76	9.81	71	27.93	70	1.97	67	2.55	69	5.31	68	-2.63	74
394	41118859	2222.00	967.77	78	-0.12	79	0.00	81	19.62	77	31.22	77	2.31	74	0.79	75	1.99	75	-1.80	79
395	37315009*	2221.71	655.55	79	0.07	80	-0.06	83	26.62	78	20.29	78	2.14	72	2.35	75	0.95	74	5.19	80
396	15518007*	2220.99	577.80	82	0.08	82	0.04	84	20.27	81	23.40	81	2.26	79	4.22	80	3.46	79	0.94	83
397	21216055*	2220.38	1051.27	76	-0.09	77	-0.08	80	27.32	75	20.10	74	2.60	71	3.55	73	5.32	72	2.18	78
398	37317045	2219.10	623.52	73	0.03	74	0.02	77	23.78	71	22.54	71	2.18	68	2.94	70	2.60	69	0.99	75
399	37316034	2217.23	714.24	73	-0.15	74	0.02	77	14.65	72	25.60	72	2.12	69	3.72	70	3.02	70	0.85	75
400	61218093*	2216.86	1343.83	71	-0.37	72	-0.11	75	16.31	70	30.59	69	2.26	66	3.10	67	1.50	67	-1.65	73
401	12116364*	2216.37	995.05	73	-0.29	74	0.05	77	8.44	71	33.24	71	1.51	67	-0.81	69	-0.39	68	-2.46	75
402	12116371*	2215.98	-48.63	78	0.28	79	0.06	81	26.11	76	9.29	76	1.75	73	3.80	75	4.88	74	5.16	79
403	41117811*	2215.25	254.12	75	0.24	76	0.08	79	27.43	74	20.02	74	2.03	71	2.41	72	2.56	71	-0.42	77
404	21215002*	2214.77	636.49	76	-0.10	77	0.09	80	13.85	75	26.97	75	2.30	71	4.67	73	2.51	72	1.66	78
405	37318048	2214.08	543.03	77	0.11	78	0.05	80	27.96	76	22.52	76	2.19	73	0.20	74	0.15	74	4.44	78
406	21217006	2213.10	1044.86	76	-0.01	77	-0.03	80	33.80	75	26.73	75	2.57	72	-0.33	73	1.35	73	-1.74	78
407	11117679	2212.14	233.80	72	0.19	74	0.19	76	29.13	71	26.40	71	2.38	68	1.18	69	-0.06	69	0.32	74

（续）

序号	牛号	GCPI	产奶量 GEBV(kg)	r²(%)	乳脂率 GEBV(%)	r²(%)	乳蛋白率 GEBV(%)	r²(%)	乳脂量 GEBV(kg)	r²(%)	乳蛋白量 GEBV(kg)	r²(%)	体细胞评分 GEBV	r²(%)	体型总分 GEBV	r²(%)	泌乳系统评分 GEBV	r²(%)	肢蹄评分 GEBV	r²(%)
408	31116424*	2211.54	870.99	75	-0.19	77	-0.09	79	13.84	74	21.05	74	1.77	70	3.28	72	5.83	72	-2.75	78
409	13215202*	2211.05	916.79	75	-0.04	76	-0.06	79	26.45	73	17.16	73	2.36	69	4.71	71	4.78	70	1.65	77
	15515202																			
410	31118461*	2210.87	332.79	73	0.20	74	0.06	77	29.68	72	20.10	72	2.40	68	3.19	70	4.82	69	-2.51	75
411	41118838	2208.89	1170.29	77	-0.17	78	-0.11	80	20.38	76	24.62	76	1.70	73	0.77	74	1.41	74	-3.13	79
412	21215024*	2207.37	514.50	78	0.28	79	0.10	81	35.01	77	23.04	76	2.24	73	0.23	75	2.23	74	-5.27	80
413	11120623	2207.11	285.42	68	0.25	69	0.06	72	34.71	67	18.98	66	2.01	63	1.34	65	-1.32	64	2.13	70
414	61216077	2206.99	872.74	71	-0.01	73	0.00	75	20.90	70	24.27	70	2.34	66	3.12	67	4.10	66	-1.74	73
415	21218005*	2206.47	962.92	75	-0.12	76	-0.06	78	30.02	73	26.63	73	2.33	70	0.76	72	0.00	71	-2.01	76
416	11119690	2206.34	824.94	79	-0.04	80	0.00	82	21.58	78	27.33	78	2.07	76	0.32	77	0.79	77	-1.41	81
417	37317039*	2206.04	564.16	74	0.22	75	-0.04	78	30.42	73	15.84	72	2.04	68	2.11	71	3.62	70	0.03	76
418	61216080	2203.28	918.59	79	-0.02	80	0.06	82	29.82	78	32.54	77	2.65	74	0.83	76	-3.11	76	-0.20	81
419	11120521	2201.93	1689.68	72	-0.43	73	-0.11	76	14.07	71	30.30	70	2.97	66	4.32	68	3.59	67	2.75	74
420	31118120*	2201.05	282.26	68	0.30	70	0.04	72	32.08	67	15.31	67	2.05	63	2.49	65	0.51	65	3.88	71
421	11119515	2197.85	315.01	70	0.19	71	0.03	74	27.38	69	14.25	68	1.68	65	0.47	66	1.22	66	3.81	72
422	11117697	2197.31	322.66	70	0.32	72	0.06	75	35.90	69	18.38	69	2.10	65	0.28	67	0.32	66	-0.17	73
423	21218007	2196.31	591.72	76	0.20	77	-0.02	79	39.08	75	17.84	75	2.31	71	1.76	73	-0.83	72	1.55	78
424	15517059*	2196.00	170.14	74	0.34	75	0.07	77	39.48	72	17.03	72	2.03	69	0.20	70	0.92	70	-3.07	75
425	31116161	2195.38	670.44	76	0.03	77	-0.01	80	25.91	75	19.53	75	2.19	72	3.10	73	0.71	73	2.94	78
426	14117401*	2195.24	162.45	77	0.19	78	0.13	80	25.21	75	20.70	75	2.42	72	4.08	74	1.19	73	3.22	79

（续）

序号	牛号	GCPI	产奶量 GEBV(kg)	产奶量 r²(%)	乳脂率 GEBV(%)	乳脂率 r²(%)	乳蛋白率 GEBV(%)	乳蛋白率 r²(%)	乳脂量 GEBV(kg)	乳脂量 r²(%)	乳蛋白量 GEBV(kg)	乳蛋白量 r²(%)	体细胞评分 GEBV	体细胞评分 r²(%)	体型总分 GEBV	体型总分 r²(%)	泌乳系统评分 GEBV	泌乳系统评分 r²(%)	肢蹄评分 GEBV	肢蹄评分 r²(%)
427	14115831*	2193.57	107.61	71	0.28	72	0.13	75	29.43	69	16.95	69	1.85	65	0.62	67	0.23	66	2.17	73
428	15518012*	2191.31	700.82	81	-0.08	82	-0.06	83	17.36	80	18.36	80	1.87	78	3.33	79	3.74	78	-0.06	82
429	13119172	2191.26	413.05	73	0.21	74	0.11	77	33.74	72	25.62	71	2.22	68	-2.73	70	-1.73	69	-0.69	75
430	11117606	2191.10	538.06	75	0.21	76	-0.01	78	33.48	73	16.82	73	2.05	69	-0.67	71	2.57	71	-1.12	76
431	15519011	2188.52	967.21	72	-0.24	73	-0.06	76	19.35	71	24.98	71	2.10	67	-0.22	69	1.53	68	0.17	74
432	41117821*	2188.38	697.03	75	0.05	76	0.02	79	25.88	74	24.25	74	1.80	71	-1.78	72	-0.59	72	-2.33	77
433	31116154*	2187.40	1257.35	78	-0.11	79	-0.06	81	31.85	77	28.84	77	2.11	74	-3.61	75	-2.49	75	-3.37	80
434	14117923*	2186.86	-287.35	77	0.50	78	0.12	80	37.28	76	9.63	75	1.75	72	1.58	74	1.26	74	0.83	79
435	15519012	2185.53	226.16	71	0.16	73	0.06	75	25.31	70	15.15	70	1.62	66	1.08	68	2.19	67	-0.84	74
436	15517055*	2184.87	912.19	73	0.03	74	0.02	77	29.80	72	24.73	72	2.24	68	-1.27	70	0.66	69	-3.04	75
437	31118108	2184.86	707.24	79	-0.03	80	0.01	82	23.83	78	22.97	78	2.14	75	-0.35	76	0.12	76	2.13	80
438	31118133	2183.69	454.98	78	0.09	79	0.06	81	21.69	77	23.66	77	1.99	74	1.46	76	-0.65	75	0.11	80
439	15516074*	2183.07	-276.19	75	0.49	77	0.09	79	37.84	74	10.35	74	2.13	70	2.96	72	0.53	72	4.03	77
440	37319055	2182.84	264.96	75	0.14	76	0.17	78	24.87	74	29.33	74	2.19	71	-1.99	72	-1.69	72	-1.64	77
441	37317005	2182.52	1005.60	77	-0.16	78	-0.05	80	17.37	76	25.40	75	2.11	73	-0.22	74	1.97	73	-0.57	78
442	15519005*	2181.94	178.83	72	0.43	79	0.06	76	42.03	71	16.35	71	2.09	67	-1.52	69	-0.17	68	-1.79	74
443	41116814	2181.94	285.16	78	0.28	73	-0.04	81	36.82	77	10.05	77	2.29	74	2.92	75	2.76	75	3.23	80
444	21216043*	2181.66	1081.49	72	-0.34	73	-0.11	76	10.12	71	20.27	70	2.17	67	4.00	69	3.98	69	4.11	74
445	11115627	2180.70	697.92	78	0.11	80	-0.09	82	27.78	77	13.26	77	1.98	73	3.05	75	2.88	75	0.74	80
446	61215037*	2180.51	359.00	78	0.08	79	0.09	81	18.03	76	21.91	76	2.22	72	1.33	75	3.13	74	1.01	80

（续）

序号	牛号	GCPI	产奶量 GEBV (kg)	产奶量 r²(%)	乳脂率 GEBV (%)	乳脂率 r²(%)	乳蛋白率 GEBV (%)	乳蛋白率 r²(%)	乳脂量 GEBV (kg)	乳脂量 r²(%)	乳蛋白量 GEBV (kg)	乳蛋白量 r²(%)	体细胞评分 GEBV	体细胞评分 r²(%)	体型总分 GEBV	体型总分 r²(%)	泌乳系统评分 GEBV	泌乳系统评分 r²(%)	肢蹄评分 GEBV	肢蹄评分 r²(%)
447	37319023	2180.31	698.71	73	0.08	74	0.00	77	29.67	72	23.41	72	1.97	69	-1.97	70	-0.16	70	-3.56	75
448	15516075*	2178.98	892.05	77	-0.22	78	0.00	80	11.04	76	28.34	76	2.15	72	1.33	74	2.17	73	-1.78	79
449	15519027	2178.46	314.13	70	0.31	71	0.13	74	32.72	69	22.54	68	2.62	64	1.20	66	1.38	66	-1.86	72
450	11119686	2177.45	-47.84	74	0.40	75	0.19	77	31.94	73	16.57	73	2.06	69	0.03	71	2.01	70	-1.37	76
451	41118851	2177.06	297.21	73	0.20	74	0.06	77	29.99	72	19.95	72	1.76	68	1.17	70	-1.61	69	-3.22	75
452	11117628*	2176.61	1234.94	75	-0.15	76	-0.10	79	23.55	74	25.81	74	2.34	70	-0.77	72	0.70	72	-0.50	77
453	61218095	2176.06	632.23	74	-0.06	75	0.01	78	21.44	73	23.94	73	2.15	70	1.57	71	2.23	71	-4.36	76
454	37317003	2176.00	536.30	77	0.09	78	0.03	80	26.54	76	20.55	76	2.61	73	3.85	74	3.38	74	-1.53	79
455	37317041*	2175.86	294.54	73	-0.08	74	0.09	76	11.20	72	21.68	71	1.82	68	1.84	70	2.97	69	-0.23	75
456	31115182*	2174.38	240.10	71	0.09	72	0.13	75	15.30	69	21.19	69	2.05	65	3.25	68	1.42	67	1.71	73
457	11118635	2173.95	458.99	79	0.00	80	0.02	82	17.27	78	21.50	78	1.98	75	1.76	77	0.91	76	1.32	80
458	11117690*	2173.68	-187.44	77	0.44	78	0.18	80	32.41	76	18.84	76	2.22	73	-0.18	75	1.42	74	-1.78	79
459	31118093	2172.26	372.21	74	0.09	75	0.05	77	20.85	72	19.22	72	2.16	69	1.61	71	2.22	70	1.75	76
460	11118662	2172.17	-157.52	72	0.21	74	0.14	76	20.63	71	14.65	71	1.77	68	2.15	69	2.53	69	1.33	74
461	15517043*	2170.97	391.68	82	0.11	83	0.06	84	23.67	82	18.48	82	2.08	80	0.99	81	3.01	80	-1.42	83
462	21216017*	2166.19	264.28	21	-0.03	26	-0.06	33	11.26	14	3.69	12	0.01	1	-0.13	7	2.20	1	0.13	30
463	15517038*	2165.85	-75.68	74	0.27	75	0.12	78	24.50	72	13.16	72	2.07	68	3.61	70	4.68	70	-1.61	76
464	37319013	2164.63	518.31	73	0.00	75	0.08	77	20.94	72	24.86	72	2.17	69	-0.25	71	1.48	70	-3.51	75
465	61216057*	2163.24	641.60	68	0.14	69	0.00	72	34.31	66	20.69	66	2.46	61	-0.80	63	-1.94	62	2.69	70
466	21217022*	2162.64	30.91	72	0.42	74	0.14	77	32.74	71	15.65	71	1.92	67	0.87	69	-0.48	68	-1.43	75

（续）

序号	牛号	GCPI	产奶量 GEBV(kg)	r²(%)	乳脂率 GEBV(%)	r²(%)	乳蛋白率 GEBV(%)	r²(%)	乳脂量 GEBV(kg)	r²(%)	乳蛋白量 GEBV(kg)	r²(%)	体细胞评分 GEBV	r²(%)	体型总分 GEBV	r²(%)	泌乳系统评分 GEBV	r²(%)	肢蹄评分 GEBV	r²(%)
467	15519014	2162.23	-7.33	74	0.35	75	0.08	78	34.93	73	14.70	73	2.17	69	0.59	71	0.88	70	-0.59	76
468	11120611	2161.69	506.69	74	0.17	75	-0.01	77	31.53	72	15.35	72	2.35	69	2.08	71	2.10	70	-0.22	75
469	12117392	2161.60	513.93	79	0.13	80	-0.05	82	35.65	78	14.20	78	2.57	75	1.68	76	2.17	76	1.65	81
470	37317001	2161.24	596.77	76	0.18	77	0.06	80	34.81	74	25.27	74	2.32	71	-3.99	73	-0.74	72	-4.73	78
471	15519013*	2159.54	921.85	75	-0.03	76	-0.07	78	27.74	74	20.54	73	2.13	70	-0.37	72	-1.54	71	1.34	76
472	41118820	2158.27	725.41	76	0.03	77	0.04	79	29.05	75	26.68	75	1.93	72	-4.88	73	-1.58	73	-5.86	77
473	41119825	2156.66	-326.81	74	0.47	76	0.14	78	35.57	73	10.54	73	1.71	70	-0.72	71	-1.31	71	2.44	76
474	41115868*	2153.98	-45.75	71	0.20	73	0.04	76	18.34	69	7.66	69	1.43	65	3.03	67	3.17	66	2.54	73
475	11120628	2153.15	22.62	72	0.37	74	0.11	76	37.94	71	13.62	71	1.83	67	-2.39	69	0.36	68	-3.48	74
476	15517030*	2153.04	1213.39	77	-0.22	78	-0.06	80	21.30	75	30.20	75	2.54	72	-0.86	74	0.46	73	-4.98	78
477	11116690*	2153.02	801.33	78	0.21	79	0.00	81	40.07	76	22.22	76	2.18	73	-2.98	75	-4.41	74	-2.28	80
478	31115693*	2151.45	-167.70	77	0.39	78	0.24	80	30.63	76	24.15	75	2.22	72	-2.00	74	-2.46	73	-2.18	78
479	37315025*	2149.55	597.41	75	-0.10	76	0.04	79	8.12	73	18.80	73	2.27	69	3.91	71	4.66	70	2.63	77
480	11120609	2148.88	642.93	74	0.01	76	-0.01	78	27.63	73	19.69	73	2.14	70	-0.10	72	0.63	71	-3.20	76
481	15517056	2148.44	799.74	77	-0.17	78	0.03	80	7.79	76	28.97	76	2.17	73	0.49	74	2.85	74	-5.16	78
482	31118114	2148.29	286.37	78	0.09	79	0.08	81	21.63	77	17.12	76	2.05	74	0.90	75	0.25	75	2.82	79
483	14116328	2145.05	299.88	74	0.00	75	-0.01	78	10.66	73	13.05	73	1.77	69	3.67	71	4.09	70	2.00	76
484	13119112	2144.62	547.05	74	0.25	75	0.11	78	36.39	73	26.86	73	2.49	70	-4.25	71	-0.44	71	-8.47	76
485	15517004*	2142.01	88.10	75	0.24	76	0.08	78	25.63	73	16.17	73	1.77	70	-0.43	71	-0.04	71	-1.81	76
486	13119168	2140.89	151.37	72	0.24	73	0.09	76	28.51	71	17.39	70	2.50	67	1.60	69	1.18	68	0.16	74

（续）

序号	牛号	GCPI	产奶量 GEBV (kg)	产奶量 r²(%)	乳脂率 GEBV (%)	乳脂率 r²(%)	乳蛋白率 GEBV (%)	乳蛋白率 r²(%)	乳脂量 GEBV (kg)	乳脂量 r²(%)	乳蛋白量 GEBV (kg)	乳蛋白量 r²(%)	体细胞评分 GEBV	体细胞评分 r²(%)	体型总分 GEBV	体型总分 r²(%)	泌乳系统评分 GEBV	泌乳系统评分 r²(%)	肢蹄评分 GEBV	肢蹄评分 r²(%)
487	12116384*	2140.11	382.77	74	-0.07	75	-0.10	78	7.80	72	3.98	72	1.64	68	5.41	70	7.34	69	5.76	75
488	15517064*	2138.33	326.11	74	0.12	75	0.06	77	21.39	72	16.28	72	2.22	69	2.14	70	3.05	70	-1.29	75
489	21216045*	2138.26	702.96	73	-0.05	74	-0.05	77	19.38	71	15.66	71	2.42	67	3.04	69	4.34	68	0.42	75
490	37319016	2136.63	496.93	78	0.14	79	0.03	81	28.82	77	21.99	77	2.09	75	-1.73	76	-2.50	75	-2.37	80
491	11120608	2135.33	504.77	74	0.07	75	0.04	78	25.79	73	19.77	73	2.45	70	1.39	71	0.60	71	-1.33	76
492	11120627	2135.06	333.12	78	0.14	79	0.04	80	27.07	77	16.42	77	2.51	74	0.45	75	2.47	75	0.60	79
493	15516051*	2134.93	835.61	78	0.04	79	-0.03	81	27.54	77	21.16	76	2.57	73	-0.54	75	-0.15	74	0.46	80
494	11117802	2132.39	-57.61	72	0.14	73	0.01	76	18.98	70	5.77	70	1.38	66	2.12	68	2.18	68	3.03	74
495	15516002*	2131.33	394.92	74	-0.08	76	-0.02	78	10.27	73	11.51	72	1.73	68	4.01	70	4.06	69	1.25	75
496	11118850	2131.17	786.37	73	-0.17	74	0.01	77	13.92	72	24.82	72	2.40	68	-0.31	70	0.55	69	1.05	75
497	15518001*	2130.26	523.45	99	-0.03	99	-0.01	99	19.01	99	18.30	99	2.15	99	0.59	99	0.87	99	0.84	99
498	14117924*	2126.75	-159.42	77	0.31	78	0.11	80	27.73	76	12.97	75	1.82	72	0.32	74	-0.98	73	0.01	79
499	15517054*	2124.37	307.22	73	0.29	74	0.04	77	37.59	72	15.54	72	2.11	68	-2.42	70	-1.67	69	-2.71	75
500	31116419*	2124.09	723.80	76	-0.13	77	0.01	79	13.84	74	23.52	74	2.70	70	2.63	73	2.04	72	0.24	78
501	21217034	2123.14	771.93	77	-0.17	78	0.00	80	15.82	75	27.40	75	2.48	72	-1.19	74	0.20	73	-2.22	78
502	61216067	2121.92	586.49	76	-0.26	77	-0.04	79	-0.01	74	17.00	74	2.12	72	4.05	73	2.93	72	7.23	77
503	31118121	2120.73	93.35	77	0.28	78	0.05	80	27.01	76	9.40	75	2.18	73	2.02	74	0.75	74	4.31	78
504	15517008*	2120.08	56.92	79	0.20	80	-0.01	82	26.33	78	7.96	78	1.87	75	1.84	77	-0.02	76	3.92	81
505	41118854	2120.05	114.09	78	0.24	79	0.04	81	30.58	77	13.43	77	2.14	74	-1.01	76	-0.12	75	0.50	79
506	37315006*	2119.88	-133.57	79	0.23	80	0.07	82	25.00	77	10.34	77	2.32	74	2.84	76	2.42	75	2.58	80

（续）

序号	牛号	GCPI	产奶量 GEBV(kg)	r²(%)	乳脂率 GEBV(%)	r²(%)	乳蛋白率 GEBV(%)	r²(%)	乳脂量 GEBV(kg)	r²(%)	乳蛋白量 GEBV(kg)	r²(%)	体细胞评分 GEBV	r²(%)	体型总分 GEBV	r²(%)	泌乳系统评分 GEBV	r²(%)	肢蹄评分 GEBV	r²(%)
507	15519010	2117.90	943.08	77	-0.29	78	-0.05	80	14.50	76	23.57	76	2.13	73	-2.39	74	0.06	74	-0.52	78
508	11118663*	2116.30	-216.59	77	0.34	78	0.15	80	23.79	76	14.11	75	1.71	73	-1.62	74	-1.25	74	0.66	78
509	15517006*	2115.99	-199.01	80	0.17	81	0.13	83	17.94	79	13.08	78	2.08	75	2.08	77	2.37	77	1.06	81
510	15517067*	2115.85	505.58	99	-0.05	99	0.02	99	15.89	99	21.38	99	2.11	99	-0.44	99	0.34	99	-1.74	99
511	37315016*	2112.32	-15.00	73	0.26	75	0.07	78	21.60	72	13.08	71	2.03	67	0.87	70	1.85	69	-0.61	76
512	11120527	2109.32	1012.73	73	-0.01	75	-0.11	77	23.34	72	15.89	72	2.58	68	2.34	70	1.02	70	1.48	75
513	61216079	2108.09	-509.17	78	0.39	79	0.06	82	14.65	77	-2.94	76	1.45	73	6.40	74	5.06	74	5.13	79
514	31118117	2107.72	-132.87	78	0.16	79	0.18	81	12.38	77	18.10	76	1.92	73	-0.10	75	1.57	74	-1.29	79
515	21218042	2106.68	305.37	73	0.18	74	0.09	77	21.13	72	15.20	71	2.08	67	-0.55	69	1.30	69	-0.90	75
516	21216059*	2106.37	417.03	72	0.22	73	0.08	76	30.16	71	20.71	70	2.81	66	-1.56	69	-1.56	69	1.50	74
517	11118638	2105.89	372.12	73	-0.02	74	0.01	77	13.34	72	17.29	71	1.76	68	-0.24	70	0.43	70	-1.33	75
518	61216061*	2105.80	252.18	67	0.40	68	0.08	71	31.04	65	12.66	65	2.08	61	-0.96	63	-0.63	62	-0.96	69
519	31117140*	2105.19	451.98	66	-0.09	68	-0.10	71	10.56	65	8.85	64	1.74	60	4.87	62	3.22	61	1.16	68
520	21218009	2104.83	24.89	74	0.29	76	0.12	78	26.98	73	15.38	73	2.05	70	0.35	71	-2.28	71	-0.60	76
521	37318042	2101.19	409.74	76	0.15	77	-0.03	79	30.47	74	10.90	74	2.05	71	-0.47	73	0.64	72	-2.18	77
522	15518008*	2096.91	19.51	77	0.18	78	0.13	80	18.20	76	16.93	76	2.25	73	1.34	75	0.51	74	-0.75	79
523	31118086*	2096.50	148.08	74	0.20	75	0.02	77	21.40	73	11.33	73	1.80	70	-0.28	72	0.01	71	0.49	76
524	12117400	2096.47	10.40	75	-0.04	76	0.03	79	3.31	74	7.84	74	1.70	70	4.34	72	5.98	72	1.38	77
525	11120618	2096.22	-663.87	72	0.75	73	0.22	75	37.57	70	7.14	70	1.91	67	-0.94	68	-0.10	68	-3.24	74
526	31116444*	2095.53	-346.44	74	0.34	75	0.08	78	25.35	73	7.07	72	1.78	69	2.27	71	1.77	70	-2.90	76

（续）

序号	牛号	GCPI	产奶量 GEBV(kg)	产奶量 r²(%)	乳脂率 GEBV(%)	乳脂率 r²(%)	乳蛋白率 GEBV(%)	乳蛋白率 r²(%)	乳脂量 GEBV(kg)	乳脂量 r²(%)	乳蛋白量 GEBV(kg)	乳蛋白量 r²(%)	体细胞评分 GEBV	体细胞评分 r²(%)	体型总分 GEBV	体型总分 r²(%)	泌乳系统评分 GEBV	泌乳系统评分 r²(%)	肢蹄评分 GEBV	肢蹄评分 r²(%)
527	11118639*	2094.76	679.84	72	-0.12	73	-0.04	76	17.37	70	19.42	70	2.30	66	-0.50	68	0.08	67	-0.40	74
528	61216082	2094.65	127.89	76	-0.24	77	-0.13	80	-9.95	75	-3.01	75	1.46	71	11.59	73	9.52	72	7.78	78
529	12115356*	2094.43	729.24	77	-0.28	78	-0.02	80	7.25	75	22.02	75	2.59	72	1.15	74	0.10	73	5.58	78
530	15516050*	2094.19	811.54	74	-0.17	75	-0.11	77	12.30	72	15.44	72	1.68	68	1.11	70	-0.95	70	-0.03	76
531	11120619	2093.02	-369.67	70	0.36	71	0.13	74	21.28	68	5.85	68	2.23	64	4.38	66	2.35	65	4.25	72
532	61215036*	2090.67	93.44	76	-0.11	77	-0.01	80	-1.92	75	6.68	74	1.72	70	5.68	72	5.52	72	5.43	78
533	11117661	2090.46	157.92	75	0.04	76	0.06	78	22.42	74	18.84	74	2.10	71	-1.54	72	-3.86	72	1.25	77
534	37316011	2089.06	510.22	78	0.00	79	-0.02	81	22.34	76	14.77	76	2.10	73	-0.19	75	-0.92	74	-0.16	80
535	65518359*	2088.65	488.80	99	-0.03	99	0.01	99	17.93	99	19.29	99	2.18	99	-1.20	99	-0.27	99	-1.87	99
536	37317004*	2087.37	466.15	81	0.06	82	-0.01	84	22.41	80	16.01	80	2.07	78	-1.60	79	-1.39	79	-0.16	83
537	12118408	2086.93	531.14	77	-0.07	78	-0.01	80	17.62	75	20.47	75	1.93	72	-1.78	74	-2.55	73	-2.39	79
538	31116413*	2086.40	811.83	75	-0.26	76	-0.12	79	5.52	74	14.06	73	1.73	70	2.82	72	0.91	71	1.11	77
539	12116357*	2086.17	1165.57	75	-0.28	76	-0.15	79	9.24	73	16.89	73	1.80	69	-0.73	71	1.32	71	-1.51	77
540	37317046	2085.70	483.89	72	0.01	73	-0.08	76	17.66	70	9.78	70	2.03	67	2.78	69	2.19	68	-0.22	74
541	65118360	2084.07	471.66	99	-0.03	99	0.01	99	17.69	99	18.76	99	2.17	99	-1.21	99	-0.31	99	-1.86	99
542	11119679	2083.77	98.42	79	0.11	80	-0.05	82	18.38	78	5.52	78	1.63	76	0.26	77	0.94	76	3.73	81
543	12116366*	2082.45	65.24	75	-0.03	76	0.16	79	1.38	73	21.03	73	1.89	69	0.35	71	-0.54	70	1.60	77
544	15520003	2082.23	48.59	68	0.32	69	0.02	72	27.91	66	9.80	66	2.18	62	0.51	64	-0.68	63	1.22	70
545	37319022	2078.72	234.82	74	0.02	75	0.01	77	13.99	72	12.89	72	1.94	69	1.10	71	2.30	70	-2.45	76
546	31119085*	2078.21	173.35	80	0.07	81	0.07	82	14.29	79	16.07	79	2.11	77	0.24	78	-0.84	77	1.74	81

（续）

序号	牛号	GCPI	产奶量		乳脂率		乳蛋白率		乳脂量		乳蛋白量		体细胞评分		体型总分		泌乳系统评分		肢蹄评分	
			GEBV (kg)	r²(%)	GEBV (%)	r²(%)	GEBV (%)	r²(%)	GEBV (kg)	r²(%)	GEBV (kg)	r²(%)	GEBV	r²(%)	GEBV	r²(%)	GEBV	r²(%)	GEBV	r²(%)
547	12116365*	2077.14	410.71	75	-0.25	77	0.03	79	-1.54	74	19.14	74	1.92	70	1.32	72	0.12	71	3.57	77
548	11120533	2075.85	241.23	72	0.21	74	0.03	76	22.63	71	12.87	71	2.49	67	0.37	69	0.78	68	1.78	74
549	65117347	2072.58	333.91	99	-0.01	99	0.04	99	14.71	99	17.30	99	2.15	99	-0.87	99	-0.39	99	-0.14	99
550	61216055*	2071.40	473.72	67	-0.16	69	0.02	72	8.91	66	18.77	66	2.61	62	3.00	63	1.88	62	0.29	69
551	61216071	2070.84	599.13	69	0.02	71	0.08	73	17.96	68	23.86	68	2.69	65	-0.67	66	-2.04	65	-1.12	71
552	11120632	2070.64	-408.14	76	0.48	77	0.15	79	25.86	75	7.07	75	1.65	72	-2.54	74	-1.45	73	1.56	78
553	12115349*	2070.43	533.25	69	-0.27	71	0.01	74	-2.44	68	19.72	68	1.99	64	1.08	66	1.53	65	1.12	71
554	13118328	2069.48	229.85	99	0.07	99	0.03	99	18.68	99	12.61	99	2.16	99	-0.29	99	0.00	99	1.49	99
555	65117344	2068.74	433.50	99	-0.03	99	0.00	99	16.28	99	16.60	99	2.17	99	-0.70	99	-0.21	99	-1.14	99
556	65117339	2068.48	360.78	99	-0.01	99	0.01	99	15.60	99	14.70	99	2.18	99	0.16	99	0.37	99	0.03	99
557	14117607*	2067.06	221.08	77	0.05	78	0.04	80	21.88	76	15.42	75	2.09	72	-1.84	74	-2.93	73	0.92	78
558	41118833	2066.26	432.32	77	0.05	78	0.00	80	21.07	76	14.34	76	1.82	73	-3.25	75	-0.93	74	-3.02	79
559	65117345	2066.06	430.62	99	-0.03	99	0.00	99	16.11	99	16.31	99	2.17	99	-0.67	99	-0.20	99	-1.06	99
560	15517065*	2065.74	312.92	77	-0.11	78	0.02	80	9.28	75	16.93	75	1.76	72	1.08	74	-0.20	73	-4.38	78
561	21215020*	2065.43	500.92	76	0.05	77	0.04	79	16.45	75	16.41	74	2.32	72	-0.16	73	2.20	72	-4.29	77
562	15518004*	2063.38	217.65	99	0.06	99	0.03	99	17.55	99	12.29	99	2.17	99	-0.14	99	0.13	99	1.53	99
563	14115728*	2063.14	18.92	76	0.21	77	0.04	79	24.31	74	11.66	74	2.06	71	-0.59	72	-0.99	72	-1.59	78
564	13118340	2062.79	274.18	99	0.03	99	0.02	99	16.77	99	14.22	99	2.17	99	-0.61	99	-0.13	99	0.48	99
565	65118354*	2062.78	445.49	99	-0.03	99	0.01	99	15.84	99	18.16	99	2.17	99	-1.54	99	-1.21	99	-1.18	99
566	12118407	2061.91	409.79	77	0.06	78	-0.04	81	23.71	76	13.30	76	2.14	73	-1.45	75	0.28	74	-3.80	79

（续）

序号	牛号	GCPI	产奶量 GEBV (kg)	产奶量 r²(%)	乳脂率 GEBV (%)	乳脂率 r²(%)	乳蛋白率 GEBV (%)	乳蛋白率 r²(%)	乳脂量 GEBV (kg)	乳脂量 r²(%)	乳蛋白量 GEBV (kg)	乳蛋白量 r²(%)	体细胞评分 GEBV	体细胞评分 r²(%)	体型总分 GEBV	体型总分 r²(%)	泌乳系统评分 GEBV	泌乳系统评分 r²(%)	肢蹄评分 GEBV	肢蹄评分 r²(%)
567	11119503	2059.64	-318.05	71	0.26	73	0.18	76	15.94	70	11.22	70	1.46	66	-1.62	69	-0.30	68	-3.92	75
568	11120517	2057.85	152.92	71	0.25	73	0.09	75	22.58	70	11.95	70	2.37	66	-0.05	68	2.11	67	-3.39	73
569	61216045	2056.64	421.83	68	0.07	69	-0.07	71	21.82	66	9.30	66	2.25	63	0.06	65	2.86	64	-2.65	70
570	13118338	2056.61	265.61	99	0.03	99	0.03	99	16.60	99	14.02	99	2.18	99	-0.76	99	-0.24	99	0.30	99
571	31116414*	2055.99	214.94	76	0.03	78	0.13	80	12.02	75	23.78	75	2.11	72	-2.76	74	-1.41	73	-6.04	78
572	14117329*	2055.15	-238.25	80	0.26	81	0.11	83	18.70	79	9.50	78	2.09	75	1.27	77	0.55	76	-0.21	81
573	61216054*	2054.59	-60.60	64	0.23	65	0.17	68	16.33	62	19.09	62	1.98	58	-1.98	60	-2.46	59	-3.97	65
574	21217024*	2054.33	129.33	73	0.07	75	0.02	77	13.36	72	7.11	72	2.23	68	3.40	70	4.79	69	-1.08	75
575	61216047	2052.64	-159.23	71	0.20	72	0.07	75	13.08	69	10.00	69	1.65	65	1.61	67	1.24	66	-4.74	73
576	15516047*	2050.34	350.99	83	-0.04	84	-0.02	85	14.38	82	13.21	82	2.43	80	1.71	81	2.29	80	-1.51	84
577	65117353	2047.15	267.80	99	0.01	99	0.02	99	13.95	99	13.58	99	2.16	99	-0.06	99	0.32	99	-0.71	99
578	31115699*	2044.93	-201.69	71	0.21	72	0.08	75	12.85	70	4.21	69	1.67	66	1.76	68	2.88	67	-1.14	73
579	37316014	2044.61	194.72	74	0.08	75	-0.02	78	15.26	73	9.30	72	2.20	68	2.07	71	1.49	70	-0.19	76
580	11117689*	2042.39	253.27	76	0.05	77	0.13	79	17.19	74	22.30	74	2.69	71	-2.57	73	-0.30	72	-4.21	77
581	61216049*	2042.24	186.16	67	0.12	68	0.03	71	15.79	65	12.99	65	2.42	61	1.09	63	0.85	62	-0.52	69
582	37319019	2039.14	71.38	75	0.27	76	0.06	78	23.63	74	13.52	73	1.95	70	-4.11	72	-1.91	71	-3.66	76
583	11117685	2039.12	-338.46	72	0.38	73	0.17	76	23.67	71	11.67	71	2.21	67	-1.89	69	0.76	68	-4.63	74
584	15517046	2037.67	-85.12	75	0.17	76	0.03	79	14.77	74	7.11	74	2.18	70	0.50	72	2.54	71	1.46	77
585	21216069	2037.40	1319.45	72	-0.49	73	-0.30	76	3.15	70	9.23	70	2.55	66	6.26	68	4.99	67	1.82	74
	21216039																			

（续）

序号	牛号	GCPI	产奶量 GEBV (kg)	产奶量 r²(%)	乳脂率 GEBV (%)	乳脂率 r²(%)	乳蛋白率 GEBV (%)	乳蛋白率 r²(%)	乳脂量 GEBV (kg)	乳脂量 r²(%)	乳蛋白量 GEBV (kg)	乳蛋白量 r²(%)	体细胞评分 GEBV	体细胞评分 r²(%)	体型总分 GEBV	体型总分 r²(%)	泌乳系统评分 GEBV	泌乳系统评分 r²(%)	肢蹄评分 GEBV	肢蹄评分 r²(%)
586	11119507	2036.85	58.38	67	0.18	68	0.04	71	20.78	66	7.62	65	1.83	62	-2.48	64	-2.39	63	3.29	69
587	11119681	2035.27	193.14	76	0.08	77	0.11	79	18.34	75	20.76	75	2.18	72	-3.74	74	-2.67	73	-5.65	78
588	65117343*	2033.84	303.18	99	-0.01	99	0.02	99	12.86	99	13.91	99	2.10	99	-0.84	99	0.04	99	-1.94	99
589	61218098	2033.63	454.73	71	-0.22	72	-0.16	75	4.09	70	5.31	69	2.27	66	6.84	68	4.19	67	2.64	73
590	15517051*	2031.53	-523.20	75	0.34	76	0.27	79	15.73	74	15.85	74	2.11	70	-1.63	72	-1.82	72	-2.69	77
591	14117918	2029.11	-2.78	78	0.28	79	0.13	81	24.89	77	16.87	77	2.04	74	-3.51	76	-3.84	75	-6.33	80
592	61216050	2027.63	-74.93	62	0.07	63	0.05	66	5.06	60	9.40	60	1.78	56	0.84	58	2.78	57	-2.38	64
593	61216060*	2027.34	425.98	70	-0.01	72	0.00	75	16.01	69	11.55	68	2.01	64	-1.42	66	-0.89	65	-1.23	72
594	31119395*	2026.08	508.11	99	-0.04	99	-0.02	99	11.79	99	12.02	99	2.14	99	-0.27	99	0.42	99	-0.66	99
595	31119468*	2026.02	581.24	99	-0.06	99	-0.03	99	12.79	99	13.42	99	2.14	99	-0.95	99	-0.34	99	-1.18	99
596	65117351	2024.93	219.38	99	0.02	99	0.03	99	13.63	99	13.36	99	2.12	99	-1.32	99	-0.18	99	-1.98	99
597	15518003*	2024.46	249.25	99	0.01	99	0.01	99	13.37	99	11.59	99	2.17	99	-0.78	99	-0.09	99	0.34	99
598	61215043*	2022.36	339.60	71	-0.05	73	-0.05	76	8.74	70	8.82	70	1.93	65	-0.27	68	0.40	67	2.25	74
599	15518005*	2021.79	250.73	99	0.00	99	0.01	99	12.88	99	11.40	99	2.17	99	-0.73	99	-0.07	99	0.36	99
600	21215017	2020.98	564.96	77	-0.08	78	0.08	80	13.15	76	23.74	75	2.83	72	-3.52	74	-2.42	73	0.12	78
601	65117350	2020.21	202.47	99	0.02	99	0.03	99	13.35	99	12.90	99	2.11	99	-1.41	99	-0.21	99	-1.97	99
602	11119691	2019.15	-78.91	80	-0.05	81	0.06	83	3.54	80	8.31	80	1.98	77	1.65	78	1.29	78	3.26	82
603	21218016	2016.97	379.43	77	0.06	78	0.02	80	20.18	76	15.46	76	2.19	73	-4.73	74	-3.55	74	-0.33	79
604	21217021*	2010.98	67.15	71	0.15	73	0.07	76	16.70	70	11.25	70	2.02	66	-1.08	68	-1.05	67	-3.75	74
605	15517066*	2009.73	211.91	99	0.01	99	0.01	99	12.28	99	10.35	99	2.18	99	-0.78	99	-0.04	99	0.50	99

（续）

序号	牛号	GCPI	产奶量 GEBV (kg)	r²(%)	乳脂率 GEBV (%)	r²(%)	乳蛋白率 GEBV (%)	r²(%)	乳脂量 GEBV (kg)	r²(%)	乳蛋白量 GEBV (kg)	r²(%)	体细胞评分 GEBV	r²(%)	体型总分 GEBV	r²(%)	泌乳系统评分 GEBV	r²(%)	肢蹄评分 GEBV	r²(%)
606	37316004*	2008.72	304.49	73	0.17	74	0.00	77	18.79	71	8.56	71	1.60	67	-3.27	69	-3.47	68	-1.39	75
607	31119391*	2008.21	243.54	99	0.00	99	0.02	99	12.75	99	12.98	99	2.30	99	-1.07	99	-0.79	99	-0.24	99
608	31116178*	2007.71	-242.74	77	0.09	78	0.13	80	6.29	76	16.00	76	2.17	72	-1.23	74	1.24	73	-4.83	79
609	31119467	2006.01	513.18	99	-0.06	99	-0.01	99	9.95	99	12.21	99	2.12	99	-0.94	99	-0.27	99	-1.13	99
610	31119394	2004.84	220.35	99	0.00	99	0.02	99	12.68	99	12.70	99	2.31	99	-1.04	99	-0.73	99	-0.44	99
611	12117386*	2003.85	-93.95	78	0.26	79	0.08	82	22.16	77	9.87	77	2.70	74	0.55	75	-1.34	75	1.20	80
612	61216083	1998.29	73.69	73	-0.13	74	-0.04	77	-5.39	72	4.18	71	1.83	68	3.57	70	3.58	69	3.74	75
613	21215021*	1998.28	935.10	66	-0.24	68	-0.07	71	7.85	64	16.76	64	2.26	60	-1.98	61	-1.28	61	-1.98	68
614	14117405*	1991.42	165.71	77	0.06	79	0.03	81	14.32	76	12.48	76	2.30	73	-0.52	75	-2.71	74	-0.57	79
615	31119465*	1991.15	447.20	99	-0.03	99	-0.02	99	10.24	99	9.85	99	2.14	99	-0.75	99	-0.08	99	-0.85	99
616	61216074	1987.69	-54.80	65	0.06	66	0.06	69	8.26	63	9.10	63	1.88	59	-1.16	60	0.09	59	-2.43	66
617	31119464*	1981.16	280.95	99	-0.01	99	0.01	99	12.06	99	11.85	99	2.32	99	-1.70	99	-1.39	99	-0.59	99
618	1551002*	1980.38	368.96	99	-0.10	99	0.00	99	5.63	99	14.73	99	2.27	99	-1.39	99	-0.45	99	-2.52	99
619	21215022*	1979.08	363.39	74	0.06	75	-0.01	78	13.09	73	8.87	73	2.43	71	1.12	71	-2.23	70	2.25	76
620	21215012*	1978.92	117.14	73	0.07	74	0.03	77	9.53	71	6.45	71	2.00	67	-1.04	69	-0.74	69	1.67	75
621	61218097	1978.39	670.35	71	-0.31	72	-0.07	74	6.73	69	19.87	69	1.62	65	-6.61	67	-5.53	66	-4.93	73
622	12115352*	1975.80	126.10	71	0.00	72	0.05	75	12.08	69	13.05	69	1.91	65	-1.91	67	-1.23	67	-8.59	73
623	65117342*	1964.97	303.07	99	-0.06	99	0.00	99	8.14	99	11.77	99	2.30	99	-1.45	99	-0.91	99	-1.67	99
624	31119397	1963.95	224.89	99	-0.01	99	0.00	99	10.62	99	10.56	99	2.33	99	-1.61	99	-1.50	99	-0.43	99
625	11119689	1961.05	-164.60	66	0.15	67	0.17	70	13.98	64	15.63	64	2.13	60	-5.23	62	-5.12	61	-2.43	68

（续）

序号	牛号	GCPI	产奶量 GEBV(kg)	r²(%)	乳脂率 GEBV(%)	r²(%)	乳蛋白率 GEBV(%)	r²(%)	乳脂量 GEBV(kg)	r²(%)	乳蛋白量 GEBV(kg)	r²(%)	体细胞评分 GEBV	r²(%)	体型总分 GEBV	r²(%)	泌乳系统评分 GEBV	r²(%)	肢蹄评分 GEBV	r²(%)
626	31119466*	1960.76	368.85	99	-0.04	99	-0.02	99	8.38	99	8.84	99	2.22	99	-0.92	99	-0.36	99	-1.21	99
627	61218094	1959.17	228.50	65	-0.17	66	0.00	69	4.07	64	12.50	63	1.98	60	-1.94	62	-2.54	61	-1.62	67
628	61216070	1953.69	91.77	72	0.01	73	0.07	76	3.77	70	14.00	70	2.40	67	-1.22	68	-0.83	67	-2.12	73
629	11120524	1952.51	-710.90	72	0.46	74	0.12	76	15.17	71	-4.89	71	2.34	67	3.30	69	3.06	69	1.65	75
630	31119399	1950.39	302.34	99	-0.02	99	0.01	99	7.42	99	9.54	99	2.27	99	-1.61	99	-1.15	99	-0.30	99
631	61218100*	1949.67	434.13	73	-0.13	74	-0.02	77	7.56	71	14.05	71	2.39	68	-2.09	69	-4.38	69	1.36	75
632	21216027*	1948.12	-187.74	74	0.17	75	0.02	77	11.85	72	3.23	72	2.32	69	1.43	70	2.72	70	-4.80	75
633	11120605	1942.18	-352.59	72	0.26	74	-0.02	76	18.71	71	-1.53	71	1.84	67	-1.47	69	-2.72	69	1.30	74
634	61216066*	1941.86	-401.27	71	0.23	72	0.01	74	9.47	69	-4.62	69	2.27	67	3.69	67	-0.88	67	9.32	72
635	12116363*	1941.68	120.24	74	-0.14	75	-0.13	78	-0.01	73	-5.85	72	1.48	69	1.25	70	1.35	70	5.42	76
636	61218096	1938.48	-89.97	63	-0.08	64	0.02	67	1.53	62	7.67	62	1.70	58	-2.66	60	-1.84	59	-1.14	65
637	61216048	1936.41	-644.54	62	0.39	63	0.12	65	13.25	60	-1.28	60	1.87	57	-0.26	58	1.30	57	-3.86	63
638	61216059*	1934.42	183.13	69	-0.03	71	0.06	73	9.59	68	14.98	67	2.39	64	-4.83	65	-3.50	65	-2.36	71
639	12115350*	1933.84	45.20	71	-0.05	73	-0.05	75	6.04	70	3.25	70	2.43	66	0.91	68	0.53	67	2.83	73
640	65118357	1932.12	91.57	99	0.01	99	0.02	99	6.72	99	6.83	99	2.28	99	-1.16	99	-0.77	99	-0.21	99
641	31115410*	1924.84	440.50	72	-0.06	73	-0.05	76	8.23	71	8.32	71	1.63	67	-5.36	69	-3.68	68	-3.85	74
642	31119396*	1923.96	237.00	99	-0.03	99	0.01	99	4.13	99	8.98	99	2.26	99	-1.71	99	-1.23	99	-1.30	99
643	31119393*	1919.68	240.57	99	-0.06	99	0.00	99	5.86	99	9.27	99	2.48	99	-1.65	99	-1.19	99	-0.78	99
644	65118356*	1919.38	59.69	99	0.01	99	0.02	99	5.98	99	6.04	99	2.29	99	-1.23	99	-0.84	99	-0.25	99
645	12116362*	1918.83	-135.21	76	0.04	77	-0.06	79	-0.38	74	-2.95	74	1.56	71	0.31	72	3.37	72	-3.08	78

（续）

序号	牛号	GCPI	产奶量 GEBV (kg)	产奶量 r²(%)	乳脂率 GEBV (%)	乳脂率 r²(%)	乳蛋白率 GEBV (%)	乳蛋白率 r²(%)	乳脂量 GEBV (kg)	乳脂量 r²(%)	乳蛋白量 GEBV (kg)	乳蛋白量 r²(%)	体细胞评分 GEBV	体细胞评分 r²(%)	体型总分 GEBV	体型总分 r²(%)	泌乳系统评分 GEBV	泌乳系统评分 r²(%)	肢蹄评分 GEBV	肢蹄评分 r²(%)
646	13215205*	1915.74	225.51	71	-0.13	72	0.00	75	3.62	69	10.56	69	2.32	65	-1.25	67	-1.02	66	-4.25	73
	15515205																			
647	61216064*	1909.05	215.18	70	0.06	71	0.08	74	17.28	68	17.38	68	2.39	64	-7.81	66	-6.36	65	-6.90	72
648	21216002*	1904.04	-5.15	72	0.10	73	0.04	76	7.73	70	6.23	70	1.43	66	-6.25	68	-2.80	67	-7.46	74
649	31119392*	1899.65	227.71	99	-0.06	99	0.00	99	5.73	99	8.30	99	2.50	99	-1.98	99	-1.70	99	-1.03	99
650	21216012*	1893.63	907.91	77	-0.48	78	-0.12	81	-2.94	76	18.88	76	2.82	72	-2.49	74	0.12	74	-7.74	79
651	12115354*	1889.62	128.29	73	-0.04	74	-0.03	77	7.80	71	7.06	71	1.72	67	-5.41	69	-3.49	68	-6.45	74
652	31119390*	1889.24	216.90	99	-0.09	99	0.00	99	2.13	99	8.23	99	2.47	99	-1.94	99	-1.57	99	-0.72	99
653	11120519	1882.07	465.77	70	-0.14	71	-0.11	74	3.66	69	3.24	68	2.24	65	0.52	67	-2.97	66	0.36	72
654	65117348*	1876.77	162.17	99	-0.08	99	-0.01	99	0.75	99	6.92	99	2.20	99	-2.59	99	-2.12	99	-1.98	99
655	31117446*	1875.19	393.11	77	-0.33	78	-0.06	80	-4.83	75	8.92	75	1.75	72	-4.58	74	-2.73	73	-3.98	78
656	61216072	1867.50	-449.86	73	0.20	74	0.02	77	6.47	72	-3.44	71	1.74	68	-2.81	69	-0.27	69	-3.46	75
657	61216056	1867.23	205.11	69	-0.12	70	0.02	73	3.25	67	12.09	67	2.07	63	-6.16	65	-6.18	64	-3.05	70
658	61216073	1865.99	176.03	70	-0.14	71	0.06	74	-4.46	68	12.57	68	2.55	64	-0.99	65	-1.56	64	-5.04	72
659	61216053	1857.47	-218.87	74	0.03	75	0.02	77	-7.68	73	-2.21	73	2.38	70	3.43	70	-1.85	70	8.70	75
660	21215018*	1857.19	161.87	73	-0.35	74	-0.03	77	-14.12	72	6.47	71	2.30	68	-0.67	70	1.72	69	-1.25	75
661	11120529	1850.83	131.93	71	-0.16	73	0.06	75	-4.71	70	10.22	70	2.80	66	-0.65	68	1.18	67	-5.96	74
662	12116367*	1836.78	116.52	70	-0.36	71	-0.09	74	-18.48	68	-1.29	68	2.14	64	3.82	65	2.42	64	0.84	71
663	21215019*	1826.79	486.22	62	-0.20	64	-0.14	67	0.93	60	1.44	60	2.29	55	-3.31	57	-2.49	56	-0.30	65
664	11120528	1822.32	-241.73	72	0.17	74	-0.01	76	3.15	71	-5.73	71	2.92	67	1.76	69	2.07	68	2.22	74

（续）

序号	牛号	GCPI	产奶量 GEBV(kg)	r²(%)	乳脂率 GEBV(%)	r²(%)	乳蛋白率 GEBV(%)	r²(%)	乳脂量 GEBV(kg)	r²(%)	乳蛋白量 GEBV(kg)	r²(%)	体细胞评分 GEBV	r²(%)	体型总分 GEBV	r²(%)	泌乳系统评分 GEBV	r²(%)	肢蹄评分 GEBV	r²(%)
665	12118404	1820.50	-724.24	76	0.34	77	0.06	79	11.24	75	-5.32	74	2.24	71	-3.34	73	-2.03	72	-1.43	78
666	21216016*	1819.44	-596.72	66	-0.11	67	-0.03	71	-13.84	64	-7.79	64	1.55	60	-0.17	62	0.95	61	1.68	68
667	61218101	1803.49	-308.61	73	0.01	75	0.09	77	-2.62	72	4.83	72	2.18	69	-4.99	71	-4.22	70	-2.59	75
668	21215013*	1775.71	-82.06	68	-0.11	70	-0.02	72	-5.40	67	0.80	67	1.95	63	-5.24	64	-2.75	64	-5.22	70
669	11117686*	1769.66	183.95	82	-0.07	82	-0.07	84	5.55	81	4.42	81	2.15	79	-7.84	80	-6.51	79	-6.72	83
670	61216046	1764.34	-804.55	72	-0.16	73	0.00	76	-25.07	71	-11.21	71	2.11	68	4.41	69	1.14	68	8.11	74
671	61216076	1746.66	-456.28	75	-0.14	76	0.02	78	-24.50	74	-7.16	74	2.83	72	5.22	72	2.18	71	6.88	76
672	61216058*	1743.01	-223.98	60	-0.15	61	0.01	64	-13.28	59	-1.88	58	2.20	54	-4.14	57	-1.96	56	-0.37	62
673	21215016*	1730.39	-23.07	71	-0.18	72	-0.15	75	-12.38	70	-12.28	69	2.08	65	-0.33	67	1.38	66	-0.89	73
674	11120531	1690.28	-964.85	71	0.09	72	0.14	75	-14.93	69	-9.28	69	2.67	65	1.37	67	0.62	66	-1.59	72
675	41115803*	1508.37	-812.46	64	-0.17	66	-0.03	69	-30.34	63	-17.93	63	1.87	59	-5.29	60	-6.13	60	-0.26	67

＊表示该牛已经不在群，但是有存冻精。

2.6 仅有生产性状的种公牛各性状估计育种值

表 2-6-1 按照种公牛牛号排序。

表 2-6-1 其他牛各性状估计育种值

序号	牛号	生产性状							健康性状	
		女儿数（头）	产奶量（kg）	乳脂率（%）	乳蛋白率（%）	乳脂量（kg）	乳蛋白量（kg）	r^2（%）	体细胞评分	r^2（%）
1	11101938*	151	121	0.02	0.01	7	5	93	2.98	87
2	11104103*	314	-185	0.05	0.03	-2	-3	97	3.00	94
3	11104873*	13	16	-0.05	0.06	-5	8	60	3.00	49
4	11105825*	15	-436	-0.05	-0.14	-21	-30	67	2.98	56
5	11113563*	6	286	-0.02	0.08	9	19	51	3.05	41
6	11113580*	12	643	-0.20	-0.05	2	16	60	3.01	46
7	11114663*	13	103	-0.12	0.06	-8	10	62	2.91	45
8	12100123*	423	-122	0.07	0.03	2	-2	97	3.03	96
9	12100124*	84	-555	-0.08	-0.04	-29	-23	88	2.99	80
10	12101130*	108	-1309	-0.14	-0.01	-62	-45	92	3.19	86
11	12102127*	31	-298	0.00	0.02	-11	-8	74	2.93	61
12	12102143*	75	-274	-0.07	0.05	-17	-4	87	3.00	78
13	12102144*	42	-1349	0.02	0.08	-48	-38	80	3.11	67
14	12102145*	55	-537	-0.07	0.05	-27	-13	83	2.97	74
15	12102151*	79	-326	-0.05	-0.02	-18	-13	87	2.93	76
16	12103138*	62	-259	0.04	0.06	-7	-3	84	3.08	73
17	12103149*	88	-264	0.06	-0.01	-3	-10	89	3.10	81
18	12103154*	112	-163	-0.15	0.00	-21	-6	92	2.96	86
19	12103155*	68	-650	0.05	0.09	-19	-13	90	3.10	84
20	12103173*	127	-440	0.05	0.02	-12	-13	92	3.06	84
21	12104184*	76	342	-0.01	0.03	12	15	85	2.97	74
22	12104185*	20	-351	-0.02	-0.13	-15	-26	65	2.99	51
23	12104187*	96	850	-0.05	-0.04	26	24	90	2.97	82
24	12105225*	14	-537	-0.05	0.01	-25	-17	58	3.10	45
25	12108231*	65	-2	0.09	0.07	9	8	89	2.98	83
26	12109262*	78	1415	0.12	-0.03	66	44	91	3.02	85

（续）

序号	牛号	生产性状							健康性状	
		女儿数（头）	产奶量（kg）	乳脂率（%）	乳蛋白率（%）	乳脂量（kg）	乳蛋白量（kg）	r^2（%）	体细胞评分	r^2（%）
27	12111269*	5	214	0.11	-0.09	19	-2	58	2.96	51
28	12113287*	6	1265	-0.37	-0.14	7	27	53	3.09	41
29	12113301*	81	1236	-0.22	-0.03	22	39	91	3.07	83
30	12113302*	106	493	-0.07	0.00	11	17	92	2.95	85
31	12113303*	61	545	0.10	0.00	30	19	89	3.14	79
32	12113304*	246	-287	0.23	-0.05	13	-15	95	3.13	90
33	12113305*	58	-533	0.10	0.05	-9	-13	88	3.13	78
34	12113307*	185	350	0.18	0.03	32	16	94	3.06	88
35	12113310	67	817	0.00	-0.01	31	27	89	2.94	79
36	12113312*	49	325	0.05	0.05	18	17	86	3.22	74
37	12113313*	55	525	0.00	-0.02	20	16	88	3.04	78
38	12113319*	54	452	0.13	-0.05	30	10	88	3.02	78
39	12113320*	52	516	0.05	-0.02	25	16	87	2.98	75
40	12114322*	197	1116	-0.06	0.03	35	42	95	3.02	90
41	12114323	230	722	-0.04	0.00	23	24	95	3.07	91
42	12114328*	22	1063	0.07	0.06	47	43	71	3.02	58
43	12114331*	24	770	-0.09	0.02	19	28	69	2.89	56
44	12114337*	9	391	0.01	-0.07	15	5	54	2.99	42
45	13202010*	14	-1219	0.49	0.16	3	-25	62	3.01	46
46	13202046*	622	-1807	-0.18	-0.02	-84	-63	98	3.12	96
47	13203017*	260	-825	-0.04	0.01	-34	-27	95	3.04	91
48	13203028*	32	550	-0.01	-0.05	19	14	75	3.08	58
49	13203032*	8	-895	-0.16	-0.02	-49	-33	50	3.00	39
50	13203035*	13	507	-0.65	-0.13	-50	2	64	3.17	46
51	13203037*	21	-886	-0.15	-0.06	-47	-36	67	2.99	49
52	13203038*	123	771	-0.03	0.00	25	26	91	2.83	83
53	13203041*	78	-482	-0.13	0.01	-31	-15	87	3.20	75
54	13203042*	26	556	-0.29	0.04	-9	23	75	2.92	64

（续）

（续）

序号	牛号	生产性状							健康性状	
		女儿数（头）	产奶量（kg）	乳脂率（%）	乳蛋白率（%）	乳脂量（kg）	乳蛋白量（kg）	r^2（%）	体细胞评分	r^2（%）
55	13203049*	13	-341	-0.03	-0.01	-15	-13	61	3.13	46
56	13203050*	181	-621	-0.06	0.07	-29	-14	93	3.02	87
57	13204076*	20	48	0.18	-0.04	20	-3	67	2.95	52
58	13204079*	8	-325	-0.50	-0.12	-62	-25	61	2.99	51
59	13204081*	45	-824	-0.07	0.08	-38	-20	81	3.03	66
60	13204084*	58	-371	-0.28	-0.02	-42	-15	85	2.98	73
61	13204106*	21	640	-0.05	0.01	19	23	72	2.93	57
62	13204107*	16	109	-0.21	-0.04	-17	-1	70	3.03	57
63	13204109*	25	548	-0.20	0.02	-1	20	77	2.98	63
64	13204111*	17	-588	0.08	0.03	-14	-16	69	3.01	55
65	13205112*	6	-374	0.21	0.10	8	-2	54	2.98	44
66	13205115*	142	874	-0.05	-0.05	27	24	92	2.89	86
67	13205118*	39	-2	-0.13	-0.07	-14	-8	82	2.95	72
68	13205119*	65	-725	0.01	0.07	-26	-17	84	2.97	72
69	13205121*	43	-624	-0.16	0.03	-39	-18	85	3.08	76
70	13205123*	11	725	0.03	-0.08	30	15	67	2.92	56
71	13205126*	28	-115	-0.12	-0.04	-16	-9	73	2.97	57
72	13205129*	29	445	0.09	-0.08	26	6	73	3.06	61
73	13205130*	80	657	-0.06	-0.05	18	16	87	2.97	77
74	13214030*	6	-213	-0.12	-0.05	-20	-12	55	2.95	45
75	13214033*	5	721	-0.17	-0.12	9	11	53	3.03	45
76	13214042*	4	281	0.03	-0.03	13	6	52	3.05	44
77	13214057*	18	1063	-0.30	0.00	7	36	67	2.97	57
78	13214092*	11	1217	0.04	-0.02	49	40	66	3.06	54
79	13214101*	17	92	-0.05	0.02	-1	5	64	3.00	47
80	13214124*	6	-259	0.02	0.00	-8	-8	56	2.86	48
81	14113055*	58	719	-0.08	-0.05	18	19	82	2.92	72
82	21211001*	34	1346	-0.21	-0.03	27	42	80	2.92	68

（续）

序号	牛号	生产性状							健康性状	
		女儿数（头）	产奶量（kg）	乳脂率（%）	乳蛋白率（%）	乳脂量（kg）	乳蛋白量（kg）	r^2（%）	体细胞评分	r^2（%）
83	21212001*	32	993	-0.14	-0.07	22	26	78	3.04	66
84	21212003*	39	1058	-0.15	0.01	23	37	79	3.10	66
85	21212006*	28	1881	-0.37	-0.11	29	51	74	2.95	61
86	21212011*	49	1165	-0.43	-0.14	-3	23	84	3.00	75
87	21212014*	40	797	-0.25	-0.07	3	20	80	3.14	69
88	21212018*	43	2060	-0.38	-0.10	34	58	83	3.00	73
89	21212022*	30	190	-0.08	-0.01	-1	6	77	2.96	66
90	21212026*	30	933	-0.38	-0.15	-6	15	74	3.05	61
91	21212027*	14	2244	-0.37	-0.19	41	53	59	3.16	45
92	21212028*	15	1082	-0.06	0.03	33	40	60	2.92	48
93	21212201*	12	948	0.05	0.02	40	35	59	2.99	46
94	21212202*	28	1151	-0.07	-0.08	35	30	79	2.84	67
95	21212203*	16	40	0.08	0.04	10	6	57	3.03	38
96	21212204*	17	-142	-0.02	0.04	-7	0	65	2.96	50
97	21213002*	45	1639	-0.11	-0.06	49	48	84	3.02	73
98	21213003*	15	1225	-0.14	-0.03	30	38	65	3.09	53
99	21213005*	48	2776	-0.25	-0.13	74	78	85	3.00	74
100	21213006*	6	778	0.05	-0.06	34	19	50	3.00	40
101	21213007*	18	179	-0.11	-0.01	-5	5	68	2.98	56
102	21213011*	63	1463	-0.26	-0.09	26	39	86	3.01	75
103	21214011*	14	798	-0.18	-0.04	10	23	62	2.90	46
104	21214024*	8	178	-0.06	0.02	1	9	54	3.03	41
105	21214026*	7	876	-0.36	-0.02	-6	27	52	3.14	40
106	21214030*	4	518	0.07	-0.07	27	9	52	2.94	44
107	21214032*	10	1320	0.00	-0.09	48	34	60	3.04	46
108	21214035*	5	616	-0.10	-0.05	12	15	51	3.00	40
109	21214039*	14	965	-0.06	-0.06	30	26	67	2.99	54
110	21214042*	23	1662	-0.14	-0.07	47	48	71	2.93	55

（续）

（续）

序号	牛号	生产性状							健康性状	
		女儿数（头）	产奶量（kg）	乳脂率（%）	乳蛋白率（%）	乳脂量（kg）	乳蛋白量（kg）	r^2（%）	体细胞评分	r^2（%）
111	21214044*	100	731	0.05	-0.04	32	20	89	2.86	80
112	21214046*	10	2254	-0.27	-0.11	53	64	61	3.01	50
113	21214047*	32	739	-0.28	-0.09	-3	15	76	2.96	62
114	21214049*	50	616	-0.01	-0.02	22	18	83	2.86	70
115	21214050*	9	1807	-0.04	-0.07	63	53	56	2.96	44
116	21214051*	16	1427	-0.32	-0.09	18	38	64	2.99	51
117	31104189*	35	407	-0.27	-0.04	-14	9	81	2.97	71
118	31104468*	41	484	-0.43	-0.19	-27	-5	84	3.06	73
119	31104469*	34	-1207	0.16	-0.04	-29	-45	83	2.84	74
120	31105145*	31	118	-0.47	-0.14	-45	-12	80	3.16	70
121	31106134*	196	-136	-0.02	-0.01	-8	-6	95	3.05	91
122	31106141*	127	-624	0.20	-0.07	-3	-28	93	2.96	87
123	31106502*	41	690	-0.09	-0.05	16	18	83	2.86	73
124	31106503*	54	-1329	-0.01	-0.13	-51	-59	87	3.15	77
125	31108104*	49	-157	0.01	-0.17	-4	-24	87	2.95	77
126	31109548*	70	733	-0.07	-0.12	20	12	89	2.83	80
127	31110266*	13	1768	-0.21	-0.12	42	45	65	2.98	52
128	31110267*	32	656	-0.08	0.01	15	23	81	2.92	69
129	31110269*	16	-720	0.40	0.17	14	-7	66	2.89	51
130	31110271*	28	-666	0.25	0.03	-1	-20	76	2.79	61
131	31110273*	17	-479	-0.29	-0.09	-47	-26	67	2.85	51
132	31110283*	56	303	-0.05	-0.21	6	-13	86	2.97	77
133	31110549*	14	657	0.16	0.07	42	30	70	2.94	57
134	31110551*	9	1844	-0.19	-0.07	47	54	57	3.05	45
135	31110553*	44	761	-0.14	-0.01	13	25	83	2.93	73
136	31110555*	36	1540	-0.22	-0.16	33	33	81	2.98	69
137	31110558*	25	-420	-0.32	0.10	-49	-3	74	2.90	62
138	31110564*	30	378	-0.21	-0.11	-8	1	77	2.87	63

（续）

序号	牛号	生产性状							健康性状	
		女儿数（头）	产奶量（kg）	乳脂率（%）	乳蛋白率（%）	乳脂量（kg）	乳蛋白量（kg）	r^2（%）	体细胞评分	r^2（%）
139	31110566*	23	164	-0.28	-0.18	-22	-15	74	2.97	62
140	31110568*	28	429	-0.26	-0.12	-12	1	77	3.01	65
141	31110570*	38	1126	-0.13	-0.02	27	35	79	3.05	67
142	31110571*	9	-141	-0.03	-0.04	-8	-9	63	2.88	53
143	31110572*	34	709	-0.22	-0.20	3	1	80	3.10	65
144	31110575*	34	-989	0.02	-0.10	-35	-44	77	2.94	64
145	31110716*	18	704	-0.05	-0.10	21	13	72	2.86	56
146	31111251*	16	1343	-0.07	-0.08	42	37	65	3.00	53
147	31111254*	17	479	0.02	0.00	20	16	66	2.99	54
148	31111255*	21	663	-0.27	-0.05	-4	17	69	2.95	57
149	31111257*	16	385	0.08	0.14	22	29	71	3.08	60
150	31111579*	19	1525	-0.46	-0.09	6	41	74	2.91	63
151	31111581*	17	1461	-0.67	-0.36	-20	8	69	2.92	57
152	31111582*	72	131	-0.36	-0.14	-32	-11	87	3.06	77
153	31111587*	9	1198	-0.24	-0.02	19	39	65	2.97	56
154	31111590*	4	47	-0.07	0.01	-6	3	50	2.90	43
155	31111591*	6	1371	-0.22	-0.22	26	21	50	2.94	40
156	31111595*	19	493	-0.45	-0.06	-29	11	73	2.95	60
157	31111597*	28	-24	-0.49	-0.13	-52	-15	76	3.04	64
158	31111599*	13	1374	-0.01	-0.19	49	24	69	2.92	58
159	31111609*	11	-68	0.01	0.03	-1	1	64	2.99	53
160	31111610*	25	838	0.07	0.00	39	28	74	2.99	60
161	31111614*	34	1921	-0.18	-0.10	50	53	81	2.96	71
162	31111615*	14	503	-0.28	-0.12	-11	4	64	2.90	50
163	31111617*	12	966	-0.37	0.06	-5	40	66	3.08	54
164	31111618*	15	1448	-0.46	0.03	3	53	66	3.02	54
165	31111619*	10	-133	-0.03	-0.03	-8	-8	59	2.98	44
166	31112230*	10	-534	0.20	0.11	0	-7	60	2.97	47

（续）

序号	牛号	生产性状							健康性状	
		女儿数（头）	产奶量（kg）	乳脂率（%）	乳蛋白率（%）	乳脂量（kg）	乳蛋白量（kg）	r^2（%）	体细胞评分	r^2（%）
167	31112231[*]	24	1075	0.21	0.03	63	41	76	2.96	64
168	31112233[*]	19	385	-0.09	-0.12	4	0	68	2.96	57
169	31112238[*]	11	-438	-0.01	-0.07	-17	-22	59	2.95	50
170	31112239[*]	14	385	-0.10	0.00	4	13	65	3.02	54
171	31112651[*]	19	427	-0.08	-0.08	7	5	70	3.00	57
172	31112652[*]	18	-35	-0.26	-0.07	-28	-9	69	3.01	55
173	31112655[*]	7	-285	-0.14	-0.03	-24	-12	53	3.00	41
174	31112657[*]	12	424	-0.16	-0.12	-1	1	64	3.03	53
175	31113214[*]	18	791	-0.07	0.08	22	36	72	2.98	59
176	31113224[*]	38	820	-0.10	-0.07	19	20	78	2.95	64
177	31113225[*]	22	158	0.02	-0.11	7	-6	74	2.97	62
178	31113659[*]	29	-304	-0.18	-0.01	-30	-11	73	2.89	56
179	31113662[*]	12	-105	-0.05	-0.09	-9	-14	55	3.04	40
180	31113667[*]	21	741	-0.19	-0.06	8	19	73	3.04	60
181	31113674[*]	18	67	-0.06	-0.04	-3	-2	64	2.87	45
182	31113675[*]	44	731	0.03	0.00	30	25	84	2.85	73
183	37113992	107	1374	0.07	-0.02	58	44	90	2.99	81
184	37113993[*]	139	129	-0.01	-0.04	4	0	92	2.91	85
185	37113994	79	797	0.06	0.01	37	28	87	3.04	76
186	37114985[*]	14	245	0.02	0.06	12	15	61	2.89	46
187	37114988[*]	10	-537	0.09	0.00	-11	-18	54	2.85	42
188	37114989[*]	9	-60	-0.05	0.02	-7	0	52	3.01	38
189	37303011[*]	190	-20	0.03	-0.01	3	-2	94	2.94	90
190	37308034[*]	74	-343	-0.05	0.02	-18	-9	88	2.99	80
191	37308043[*]	123	87	0.05	0.00	8	3	92	2.94	86
192	37309016[*]	19	-129	-0.10	-0.04	-15	-9	71	2.98	56
193	37311013[*]	31	496	-0.25	-0.07	-8	9	79	2.96	66
194	37311014[*]	34	1346	-0.21	-0.03	27	42	80	2.92	68

（续）

序号	牛号	生产性状							健康性状	
		女儿数（头）	产奶量（kg）	乳脂率（%）	乳蛋白率（%）	乳脂量（kg）	乳蛋白量（kg）	r^2（%）	体细胞评分	r^2（%）
	21211001									
195	37312033*	7	177	0.23	-0.01	30	5	54	2.99	40
196	37313002*	15	-1340	0.02	-0.05	-48	-50	64	2.81	51
197	37313009*	9	814	0.00	-0.06	31	21	58	3.03	48
198	37313012*	20	-216	0.05	-0.01	-3	-8	69	2.94	55
	53213152									
199	37314056*	14	-995	0.09	0.02	-29	-32	65	2.98	52
	53214174									
200	41112804*	51	633	0.03	-0.01	27	21	84	2.97	74
201	41112807*	25	79	0.21	-0.02	25	1	71	3.09	53
202	41113845*	32	395	0.02	-0.01	16	12	76	2.82	60
203	41113848*	34	989	0.04	-0.03	41	30	77	2.88	62
204	41113856*	320	-255	0.06	0.11	-4	3	96	3.15	92
205	41113857*	155	-90	0.16	0.04	13	1	93	2.98	86
206	41113888*	26	1154	0.04	-0.04	48	34	77	3.02	64
207	41113889*	43	1080	-0.06	-0.04	33	32	83	2.99	71
208	41113890*	11	299	0.12	-0.01	24	10	62	2.97	48
209	41113891*	10	1258	-0.17	-0.02	28	40	61	3.00	50
210	41113893*	58	1016	-0.13	-0.09	24	25	87	2.98	77
211	41113894*	283	1092	0.07	-0.05	48	31	96	3.00	92
212	41113896*	11	827	-0.08	-0.05	22	22	55	3.10	43
213	41114864*	32	693	-0.07	-0.01	19	22	79	3.09	65
214	41114865*	22	920	-0.08	-0.02	26	29	72	2.82	57
215	41114869*	15	523	0.10	0.07	31	26	64	2.85	48
216	41114870*	17	1174	-0.26	-0.01	15	39	70	2.92	55
217	41114872*	14	329	0.06	-0.10	18	-1	65	2.86	51
218	41114877*	5	-32	0.23	-0.08	23	-10	52	2.91	43
219	41114878*	22	259	-0.04	-0.02	5	7	72	2.96	59

（续）

序号	牛号	生产性状							健康性状	
		女儿数（头）	产奶量（kg）	乳脂率（%）	乳蛋白率（%）	乳脂量（kg）	乳蛋白量（kg）	r^2（%）	体细胞评分	r^2（%）
220	41114879*	27	-221	-0.04	0.01	-11	-7	74	2.93	62
221	41114880*	16	-176	-0.08	0.02	-15	-4	64	2.93	49
222	53100136*	165	614	-0.11	-0.04	10	16	93	3.02	87
223	53104158*	89	207	-0.17	-0.03	-10	4	89	3.14	80
224	53109207*	288	94	-0.20	0.04	-18	8	96	3.11	92
225	53201031*	38	-655	0.14	0.00	-10	-22	78	2.95	63
226	53205063*	33	424	-0.17	-0.06	-2	8	78	2.89	66
227	53206066*	20	-576	0.21	0.05	-1	-14	65	2.92	53
228	53207074*	14	-100	-0.06	-0.07	-10	-11	70	2.92	58
229	53207079*	18	-494	-0.21	-0.14	-40	-32	70	2.86	58
230	53210111*	31	-653	-0.15	-0.02	-39	-24	76	2.88	63
231	53213152	20	-216	0.05	-0.01	-3	-8	69	2.94	55
	37313012									
232	53213154*	14	1333	-0.07	0.04	42	50	68	2.96	55
233	53214174	14	-995	0.09	0.02	-29	-32	65	2.98	52
234	61214031	17	-97	0.13	-0.17	10	-22	71	2.89	59
235	65114063*	23	1074	0.01	-0.08	41	27	74	2.81	59

＊表示该牛已经不在群，但是有库存冻精。

3

娟姗牛
体型评定结果

表 3-1 按照外貌等级排序，外貌等级相同的种公牛按照牛号排序。

表 3-1　娟姗牛体型评定结果

序号	牛号	出生日期	外貌等级	评分
1	11114001	2014 年 1 月 1 日	特级	86
2	11114666	2014 年 11 月 14 日	特级	85
3	11114667	2014 年 11 月 20 日	特级	85
4	11118001	2018 年 7 月 13 日	特级	88
5	11118003	2018 年 7 月 29 日	特级	86
6	11119006	2019 年 5 月 1 日	特级	90
7	11119007	2019 年 5 月 1 日	特级	93
8	11119008	2019 年 12 月 1 日	特级	90
9	21214010	2014 年 4 月 20 日	特级	85
10	21214012*	2014 年 4 月 22 日	特级	89
11	21214015*	2014 年 4 月 28 日	特级	87
12	21216014	2016 年 4 月 5 日	特级	88
13	21218023	2018 年 6 月 19 日	特级	96
14	21218050	2018 年 10 月 18 日	特级	96
15	21219014	2019 年 9 月 16 日	特级	96
16	21219024	2019 年 10 月 11 日	特级	91
17	41117002*	2017 年 3 月 25 日	特级	90
18	41117004*	2017 年 9 月 14 日	特级	87
19	41117006*	2017 年 9 月 28 日	特级	88
20	42110020	2010 年 8 月 25 日	特级	86
21	42110023	2010 年 9 月 16 日	特级	86
22	42110024*	2010 年 12 月 22 日	特级	86
23	42110027	2010 年 10 月 8 日	特级	87
24	42110037*	2010 年 10 月 31 日	特级	85
25	51114860	2014 年 12 月 29 日	特级	90
26	51117868	2017 年 1 月 17 日	特级	91
27	51117869	2017 年 3 月 12 日	特级	87
28	65118751	2018 年 2 月 20 日	特级	90
29	65118752	2018 年 3 月 10 日	特级	89
30	65118753	2018 年 3 月 12 日	特级	90

（续）

序号	牛号	出生日期	外貌等级	评分
31	65118754	2018 年 3 月 16 日	特级	89
32	65118755*	2018 年 3 月 18 日	特级	89
33	65118756	2018 年 4 月 15 日	特级	90
34	65118757	2018 年 4 月 29 日	特级	89
35	65118758	2018 年 8 月 11 日	特级	89
36	65118759	2018 年 8 月 9 日	特级	89
37	65118760	2018 年 8 月 10 日	特级	89
38	11103450*	2003 年 1 月 29 日	一级	83
39	11103458*	2003 年 2 月 11 日	一级	83
40	11103467*	2003 年 2 月 22 日	一级	84
41	11118002	2018 年 7 月 21 日	一级	84
42	11118005	2018 年 8 月 6 日	一级	84
43	21218024	2018 年 6 月 19 日	一级	84

＊表示该牛已经不在群，但有库存冻精。

（续）

4

种公牛站
代码信息

本书中，"牛号"的前三位为其所在种公牛站代码。根据表4-1可查询到任一头种公牛所在种公牛站的联系方式。

表4-1　种公牛站代码信息

序号	种公牛站代码	单位名称	联系人	手机	固定电话
1	111	北京首农畜牧发展有限公司奶牛中心	王振刚	13911216458	010－62948056
2	121	天津天食牛种业有限公司	赵　康	13132198839	022－23793689
3	131	河北品元生物科技有限公司	史忠飞	13931856404	—
4	132	秦皇岛农瑞秦牛畜牧有限公司	周云松	13463399189	0335－3167622
5	133	亚达艾格威（唐山）畜牧有限公司	侯荩褒	13152502116	010－64354166
6	141	山西省畜牧遗传育种中心	张　琳	18735375417	—
7	155	内蒙古赛科星繁育生物技术（集团）股份有限公司	孙　伟	15248147695	0471－2383201
8	212	大连金弘基种畜有限公司	帅志强	15898150814	0411－87279065
9	311	上海奶牛育种中心有限公司	赵晓铎	18221607545	—
10	371	山东省种公牛站有限责任公司	翟向玮	13361026107	0531－87227801
11	373	山东奥克斯畜牧种业有限公司	赵秀新	18678659772	0531－55618997
12	411	河南省鼎元种牛育种有限公司	高留涛	13838074522	0371－60210130
13	421	武汉兴牧生物科技有限公司	郝海龙	15007129685	027－87023599
14	511	成都汇丰动物育种有限公司	曹　伟	15198076628	028－84790654
15	531	云南省种畜繁育推广中心	毛翔光	13888233030	0871－67393362
16	532	大理白族自治州家畜繁育指导站	李家友	13618806491	0872－2125332
17	612	西安市奶牛育种中心	吴　眩	13289861756	029－88224681
18	651	新疆天山畜牧生物工程股份有限公司	谭世新	13999365500	0994－6566611

参考文献

公维嘉，2010. 中国荷斯坦牛群体遗传分析的研究［D］. 北京：中国农业大学.

Horia Grosu, Larry Schaeffer, Pascal Anton Oltenacu, et al. , 2013. History of genetic evaluation methods in dairy cattle［M］. Bucuresti：Editura Academiei Române.

Meuwissen T H E, Hayes B J, Goddard M E, 2001. Prediction of total genetic value using genome-wide dense marker maps［J］. Genetics, 157（4）：1819-1829.

Schaeffer L R, Dekkers J C M, 1994. Random regressions in animal models for test-day production in dairy cattle［C］. Proc. 5th World Congr. Genet. Appl. Livest. Prod. , Guelph, 18：443.

Van Raden P M, 2008. Efficient methods to compute genomic predictions［J］. J Dairy Sci, 91（11）：4414-4423.